高职高专项目式实践类系列教材

三维场景模型制作

主　编　宋再红

参　编　穆振栋　陈茂涛

　　　　杨剑科　刘　畅

主　审　李　锐

西安电子科技大学出版社

内 容 简 介

本书共有七个实训项目,基本涵盖 3ds max 软件应用的基础知识与相关的技能训练。全书采用案例式教学,做到步步有任务、节节有训练,通过仿真训练提高学生的实际动手能力。书中主要内容包括:软件基础部分(项目一、项目二)、建模基础部分(项目三、项目四、项目五)和综合案例部分(项目六、项目七)。

本书可作为高等职业院校、高等专科院校、成人教育学院、五年一贯制高职院校动漫类、游戏类、计算机应用类等专业课程的教材或参考用书,也可作为社会从业人员的技术参考书和培训用书,还可作为三维模型制作者的自学用书。

图书在版编目(CIP)数据

三维场景模型制作/宋再红主编. —西安:西安电子科技大学出版社,2020.6(2023.7 重印)
ISBN 978 - 7 - 5606 - 5649 - 6

Ⅰ. ①三… Ⅱ. ①宋… Ⅲ. ①三维动画软件—高等职业教育—教材 Ⅳ. ①TP317.48

中国版本图书馆 CIP 数据核字(2020)第 062063 号

责任编辑 万晶晶 明政珠
出版发行 西安电子科技大学出版社(西安市太白南路 2 号)
电 话 (029)88202421 88201467 邮 编 710071
网 址 www.xduph.com 电子邮箱 xdupfxb001@163.com
经 销 新华书店
印刷单位 广东虎彩云印刷有限公司
版 次 2020 年 6 月第 1 版 2023 年 7 月第 2 次印刷
开 本 787 毫米×1092 毫米 1/16 印张 14
字 数 325 千字
印 数 2001~3000 册
定 价 65.00 元
ISBN 978 - 7 - 5606 - 5649 - 6/TP
XDUP 5951001 - 2
* * * * * 如有印装问题可调换 * * * * *

序

  "高职高专项目式实践类系列教材"是在贯彻落实《国家职业教育改革实施方案》（简称"职教 20 条"）文件精神，推动职业教育大改革、大发展的背景下，结合职业教育"以能力为本位"的指导思想，以服务建设现代化经济体系为目标而组织编写的。在新经济、新业态、新模式、新产业迅猛发展的高要求下，本系列教材以现代学徒制教学为导向，以"1＋X"证书结合为抓手，对接企业、行业岗位要求，围绕"素质为先、能力为本"的培养目标构建教材内容体系，实现"以知识体系为中心"到"以能力达标为中心"的转变，开展人才培养的实践教学。

  本系列教材编审委员会于 2019 年 6 月在重庆召开了教材编写工作会议，确定了此系列教材的名称、大纲体例、主编及参编人员（含企业、行业专家）等主要事项，决定由重庆科创职业学院为组织方，聘请高职院校的资深教授和企业、行业专家组成教材编写组及审核组，确定每本教材的主编及主审，有序推进教材的编写及审核工作，确保教材质量。

  本系列教材坚持理论知识够用，技能实战相结合，内容上突出实训教学的特点，采用项目制编写，并注重教学情境设计、教学考核与评价，强化训练目标，具有原创性。经过组织方、编审组、出版方的共同努力，希望本套"高职高专项目式实践类系列教材"能为培养高素质、高技能、高水平的技术应用型人才发挥更大的推动作用。

高职高专项目式实践类系列教材编审委员会

2019 年 10 月

高职高专项目式实践类系列教材

编审委员会

前　言

本书是在贯彻落实《国家职业教育改革实施方案》(简称"职教 20 条")文件精神,推动职业教育大改革、大发展的背景下,结合职业教育"以能力为本位"的指导思想,为实现"以知识体系为中心"到"以能力达成目标为中心"的转变,以动漫、游戏中的典型实训项目为载体,将教学、训练与技能知识点统筹设计、编写而成的。

本书针对没有任何基础的 3ds max 软件初学者,从软件的认识和基础应用开始讲解,七个项目由易到难地展开,从场景的设计到模型的制作,再到 UV 的展开及场景材质的绘制和渲染输出,直观展现了三维场景制作的思路和方案,让读者通过实例掌握三维场景建模的方法。

本书的编写特色如下:

(1)立足专业,紧贴教学标准。

为适应高职动漫类、游戏类等专业的课程教学,将软件应用基础知识和具体案例相结合,精炼实训项目,满足教学标准需求。

(2)理论与实践紧密结合,体现职教特色。本书在内容编排上,贯彻理论实践一体化的教学思想,将"训练"贯穿于教学全程,通过训练来培养学生的技能,使学生在实际操作中轻松掌握理论知识。

本书参考学时如下:

课程内容		学　时
项目一	组合几何形体场景制作	6
项目二	窗台上场景模型制作	10
项目三	游泳池场景模型制作	18
项目四	客厅场景模型制作	16
项目五	展台上的青花瓷瓶场景制作	16
项目六	老房子场景模型制作	10
项目七	水磨房场景模型制作	20
总计		96

由于编写组成员水平有限,书中难免存在不足之处,恳请广大读者批评指正,以便我们进一步修订和完善本书的内容。

编　者
2019 年 10 月

目　　录

项目一　组合几何形体场景制作

 项目分析

本项目通过制作如图 1-1 所示的组合几何形体场景来认识软件的界面，学习软件的基本操作。

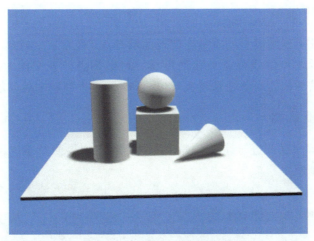

图 1-1　组合几何形体场景

本项目需要完成的任务如下：

（1）认识软件的界面，掌握软件的基本操作，制作单体几何体模型。

（2）通过对模型的基本编辑操作完成组合几何形体场景制作。

 知识目标

（1）了解软件的界面布局。

（2）了解各功能模块的作用。

能力目标

（1）掌握 3ds max 中视图的基本操作方法；

（2）掌握 3ds max 中对象的基本操作方法；

（3）掌握物体空间位置关系。

任务一　单体几何体制作

任务目标

了解 3ds max 软件的应用领域，认识软件的界面及各部分的作用，掌握几何体的创建方法。

知识链接

1. 3ds max 的应用领域

现代社会生活中，三维模型的应用在交通运输行业、医疗卫生行业、建筑行业、军事演练领域、影视动漫行业和游戏行业等随处可见。特别是虚拟现实技术应用日趋广泛的今天，人们对三维场景制作的需求越来越大，3ds max 的应用领域也越来越广。

2. 3ds max 的界面认知

要想利用 3ds max 软件进行建模，就必须先了解它的界面及基本使用方法。3ds max 的界面如图 1-1-1 所示。

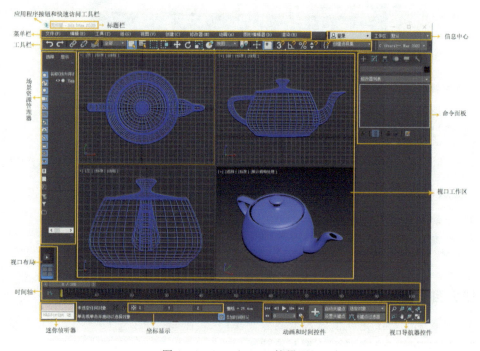

图 1-1-1　3ds max 的界面

下面对常用界面进行简单介绍：

（1）标题栏。3ds max 2017 的标题栏位于界面的最顶部，其中包含当前编辑的文件名称、软件版本等信息。标题栏如图 1-1-2 所示。

图 1-1-2　标题栏

（2）菜单栏。菜单栏位于标题栏下方，包含编辑、工具、组、视图、创建、修改器、动画、图形编辑器、渲染、Civil View、自定义、脚本、内容、帮助等 14 个菜单项。菜单栏如图 1-1-3 所示。

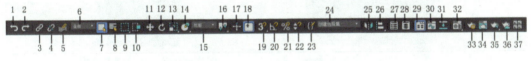

图 1-1-3　菜单栏

（3）主工具栏。主工具栏位于菜单栏下方，集合了一些常用的编辑工具，如图 1-1-4 所示。有的工具按钮的右下角有一个三角图标，长按（按下左键不松开）鼠标左键，可以调出下拉工具列表，通过移动鼠标可进行不同工具的选择，如图 1-1-5 所示。

图 1-1-4　主工具栏

图 1-1-4 中对应序号的工具分别是：

1—撤消；2—重做；3—选择并链接；4—断开当前选择链接；5—绑定到空间扭曲；6—选择过滤器；7—选择对象；8—按名称选择；9—矩形选择区域；10—窗口/交叉；11—选择并移动；12—选择并旋转；13—选择并均匀缩放；14—选择并放置；15—参考坐标系；16—使用轴点中心；17—选择并操纵；18—键盘快捷键覆盖切换；19—捕捉开关；20—角度捕捉切换；21—百分比捕捉切换；22—微调器捕捉切换；23—编辑命名选择集；24—命名选择集；25—镜像；26—对齐；27—切换场景资源管理器；28—切换层资源管理器；29—切换功能区；30—曲线编辑器；31—图解视图；32—材质编辑器；33—渲染设置；34—渲染帧窗口；35—渲染产品；36—在云中渲染；37—打开 Autodesk A360 库。

图 1-1-5　下拉工具列表

（4）命令面板。命令面板位于界面的右侧，它在 3ds max 软件中的作用非常重要，场景对象的操作都可以通过命令面板中的命令操作完成。命令面板由六个用户界面面板组成，默认状态下显示的是创建面板　，其他命令面板分别是：修改面板　、层次面板

■、运动面板■、显示面板■和实用程序面板■。命令面板如图 1-1-6 所示。

（5）场景资源管理器。场景资源管理器位于界面的左侧，显示了场景中所有对象的状态，如图 1-1-7 所示。

图 1-1-6　命令面板　　　　　　　　图 1-1-7　场景资源管理器

（6）视口工作区。视口工作区位于界面的中间区域，是观察和操作的主要工作区域，默认状态下分别显示顶视图、前视图、左视图和透视视图，如图 1-1-8 所示。

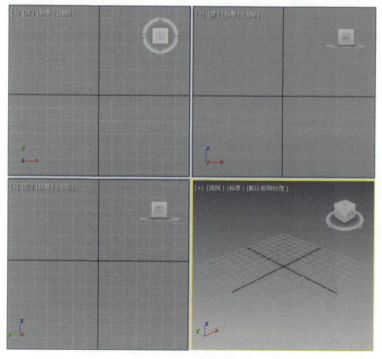

图 1-1-8　视口工作区

3. 几何体的创建方法

创建标准几何体的方法很简单。首先在创建面板下选择几何体图标，接着在标准几何体选项卡下点击长方体，然后在顶视图按下鼠标左键拖动鼠标，即可在场景中创建出一个长方体。使用相同的方法选择其他选项可以创建出不同类型的标准基本体。

技能训练

在顶视图中创建不同的几何体，如图1-1-9所示。

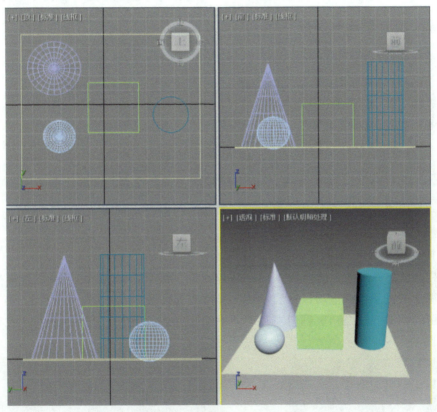

图1-1-9 标准几何体的创建

任务二 几何体组合场景制作

任务目标

掌握3ds max软件的基本操作方法；掌握对象的位置调整方法。

知识链接

1. 3ds max 的视图操作

（1）激活视图（用鼠标单击需要激活的视图）。

（2）平移视图（快捷键：按下鼠标中键拖动）。

（3）放缩视图（快捷键：滚动鼠标中键）。

（4）旋转视图（快捷键：按下键盘上的 Alt 键＋鼠标中键拖动）。

2. 3ds max 的对象基本操作

（1）选择对象（快捷键：Q）。

（2）移动对象（快捷键：W）。

（3）旋转对象（快捷键：E）。

（4）缩放对象（快捷键：R）。

技能训练

任务一中学习了如何创建单个几何体，本任务将要通过对这些单个几何体的移动、旋转位置等操作组合成一个完整的场景。

具体操作步骤如下：

（1）打开任务一场景，选择场景中的球体。按下键盘上的 W 键切换成选择并移动工具，在前视图中按下左键拖动鼠标沿 y 轴向上移动至如图 1-2-1 的位置。

（2）用同样的方法拖动 x 轴向左移动到中间长方体的上方。选择圆柱体，在顶视图中移动到如图 1-2-2 所示位置。

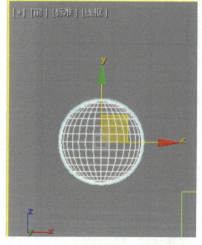

图 1-2-1　向上移动球体的位置

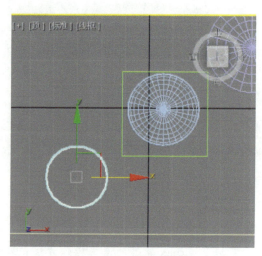

图 1-2-2　移动圆柱体

（3）按下键盘上的 E 键，转换为旋转工具，单击工具栏中的角度捕捉开关，在前视图中旋转圆锥体，如图 1-2-3 所示。

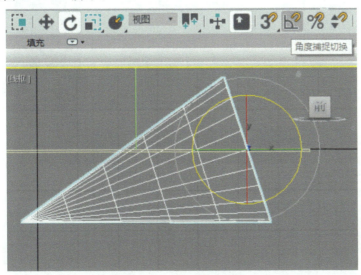

图 1-2-3　旋转圆锥体

（4）用同样的方法完成各物体的位置调整，各视图状态如图 1-2-4 所示。

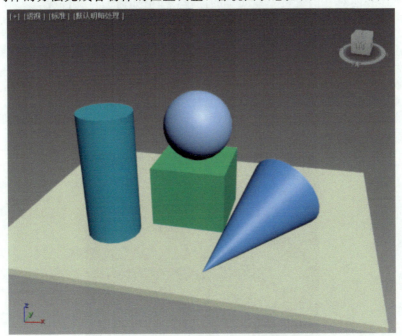

图 1-2-4　调整完成的几何体组合场景

至此，我们已经制作出了第一个场景模型。接下来需要保存这个场景。

（5）单击文件菜单下的【文件】命令按钮或者按下键盘上的 Ctrl+S 键，可以打开"保存文件"对话框，输入需要保存的路径和文件名后单击【保存】按钮即可。保存文件对话框如图 1-2-5 所示。

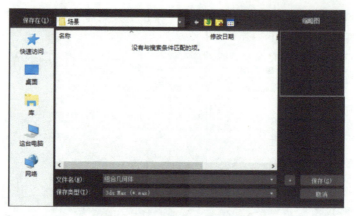

图 1-2-5　保存文件对话框

项 目 小 结

　　在本项目中，我们了解了 3ds max 软件的一些基本用途，掌握了对视图的操作，能够创建标准基本体并能对它们进行一些简单的操作，知道如何保存文件等。

拓 展 练 习

　　根据所掌握知识点练习以上场景的制作，并尝试创建扩展基本体，制作如图 1-2-6 所示扩展基本体组合场景。

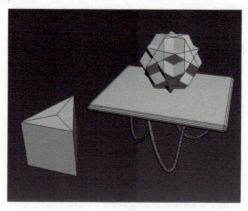

图 1-2-6　扩展基本体组合

友情提示：在创建几何体面板下点开标准基本体下拉列表，选择扩展基本体。

项目二　窗台上场景模型制作

项目分析

　　本项目我们将制作如图2-1所示的窗台上的场景模型。通过本部分的练习，掌握简单场景模型的制作方法。

图2-1　窗台上场景

知识目标

　　(1) 了解 FFD 修改建模的方法。

　　(2) 了解壳修改器的使用方法。

　　(3) 了解复合建模的方法。

能力目标

　　(1) 掌握利用 FFD 修改器修改三维模型。

　　(2) 掌握壳修改器进行建模型。

　　(3) 掌握复合建模的方法。

　　(4) 掌握多边形创建模型的基本方法。

任务一　窗台模型制作

任务目标

通过窗台模型的制作，掌握相关知识点并学会使用相关工具；达到能独立制作创建方法相似的案例的能力。

知识链接

（1）立方体的创建。

（2）布尔运算物体的用法。

（3）晶格修改器的用法。

技能训练

窗台模型的制作思路为：通过两个立方体的布尔运算制作窗口，然后通过为平面模型添加晶格修改器得到窗户模型。

具体操作步骤如下：

（1）在顶视图中创建一个立方体充当墙面模型，其位置状态如图 2-1-1 所示。

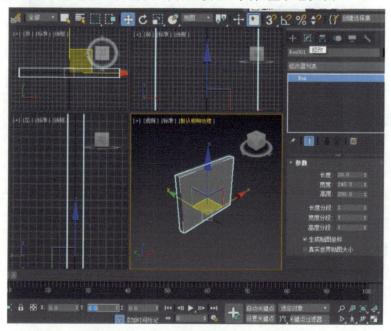

图 2-1-1　创建做为墙面的立方体

（2）创建第二个立方体，这个立方体的大小决定了窗口的大小，其位置状态如图 2-1-2 所示。

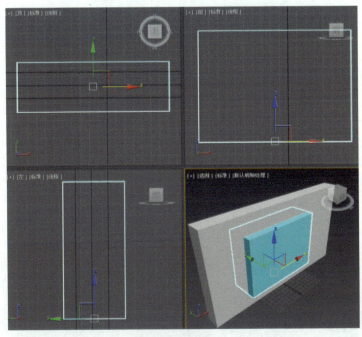

图 2-1-2　创建做为窗口大小的立方体

（3）选择作为墙面的立方体，在创建几何体面板下的下拉列表中找到复合对象选项，点击【布尔】按钮，在运算对象参数中选择差集，然后点击【添加运算对象】按钮，在场景中点击第二个立方体。布尔参数设置如图 2-1-3 所示。

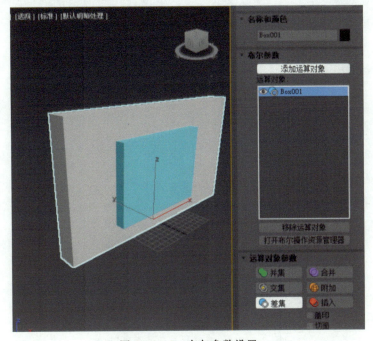

图 2-1-3　布尔参数设置

执行布尔操作后的状态如图2-1-4所示。

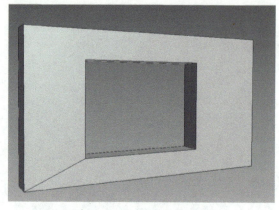

图2-1-4　布尔操作结果

（4）制作窗扇，在前视图中创建一个平面，调整分段及长度和宽度，参数设置如图2-1-5所示。

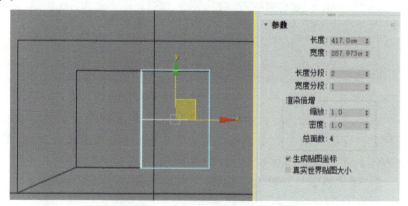

图2-1-5　平面的参数设置

（5）给平面物体添加晶格修改器，晶格修改器的参数设置如图2-1-6所示。

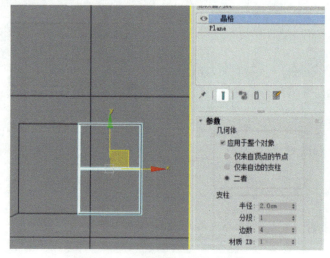

图2-1-6　晶格修改器的参数设置

（6）修改轴点的位置，在层次面板下，点击【仅影响轴】按钮，将窗扇沿 x 轴向右移动至图 2-1-7 所示位置。

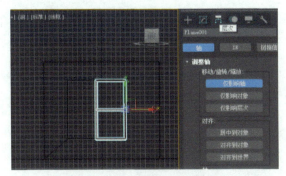

图 2-1-7　修改轴点的位置

（7）选择做好的窗扇，单击工具栏上的【镜像】工具按钮，其位置如图 2-1-8 所示。

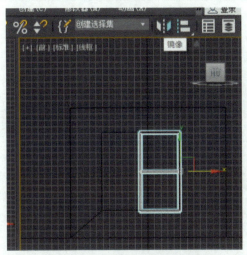

图 2-1-8　镜像工具的位置

打开"镜像"对话框后选择【复制】，然后单击【确定】按钮，参数设置如图 2-1-9 所示。

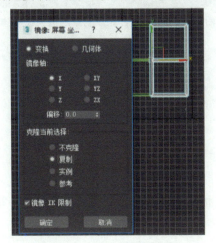

图 2-1-9　镜像参数设置

（8）选择旋转工具，在顶视图中调整两扇窗户的位置，调整状态如图 2-1-10 所示。

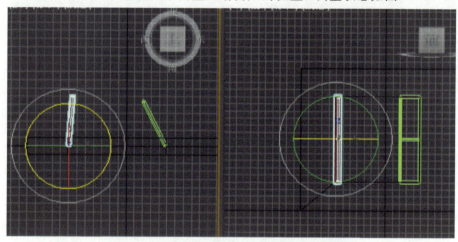

图 2-1-10　两扇窗户在顶、前视图中的位置

完成的窗台场景如图 2-1-11 所示。

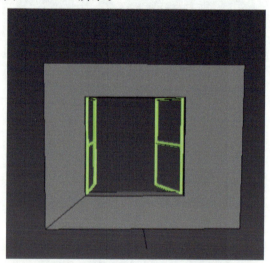

图 2-1-11　窗台完成场景的透视图状态

任务二　小花模型制作

任务目标

通过小菊花的制作掌握相关知识点并学会使用相关工具；达到能独立制作创建方法相似的案例的能力。

知识链接

（1）物体的挤压变形。
（2）FFD 修改器的运用。
（3）物体的旋转复制。
（4）物体轴点的修改。

技能训练

小花模型的制作思路为：将一个立方体转换为可编辑多边形后，通过对多边形的细化使它变得圆滑，然后添加 FFD 3×3×3 修改器，通过对修改器控制点的调整，完成小花模型的制作。

具体操作步骤如下：

（1）在顶视图中创建一个立方体，修改参数，参数设置如图 2-2-1 所示。

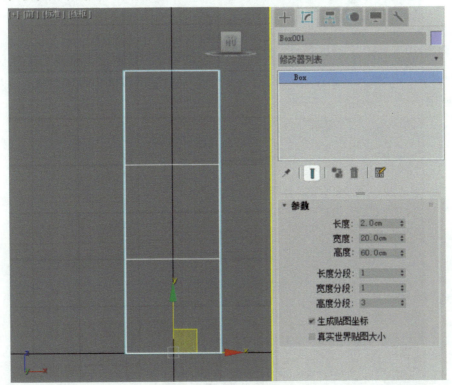

图 2-2-1　立方体参数

（2）选择立方体模型并单击鼠标右键，在弹出的快捷菜单中选择【可编辑多边形】命令，把立方体模型转换为可编辑多边形模型。按下 Ctrl＋M 组合键，把多边形模型进行细化。选择多边形模型，在修改器列表中找到 FFD 3×3×3 修改器，并单击【选择】按钮，为多边形模型添加一个 FFD 3×3×3 修改器，如图 2-2-2 所示。

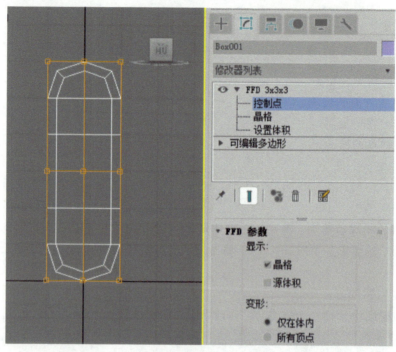

图 2-2-2　为多边形模型添加 FFD 3×3×3 修改器

（3）进入修改器的控制点级别，在顶视图和前视图中，用缩放和移动工具对控制点进行调节。调节 FFD 修改器的控制点如图 2-2-3 所示。在侧视图中移动控制点，状态如图 2-2-4 所示。

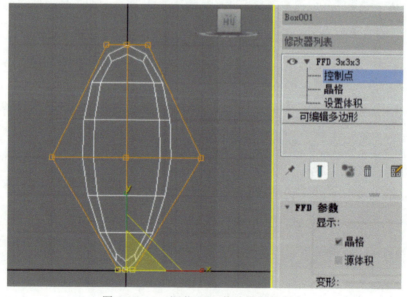

图 2-2-3　调节 FFD 修改器的控制点

（4）在层次面板中单击【仅影响轴】按钮，用移动工具调整轴点的位置，再次单击【仅影响轴】按钮退出对轴点的修改。然后将模型在世界空间中的位置归零，状态如图 2-2-5 所示。

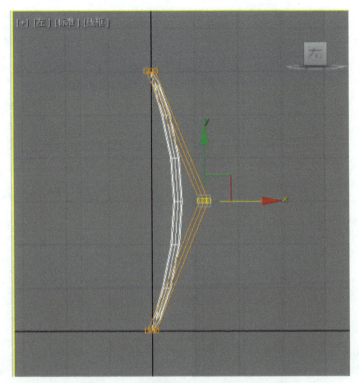

图2-2-4　在侧视图中调整控制点的位置

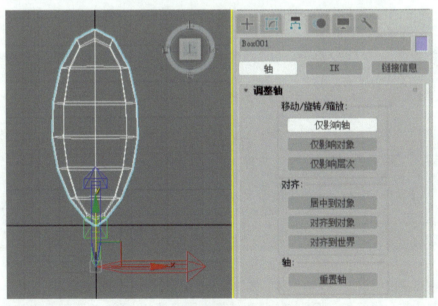

图2-2-5　调整模型的坐标轴点的位置

（5）旋转复制花瓣。选择旋转工具，打开【角度捕捉】按钮，按下 Shift 键的同时拖动鼠标在顶视图中沿黄色轴向旋转60°，然后松开鼠标左键，弹出克隆选项对话框，在副本数中输入5，单击【确定】按钮，状态如图2-2-6所示。

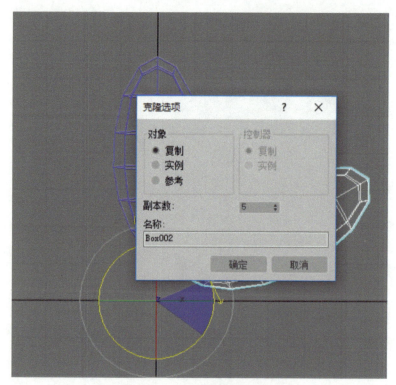

图 2-2-6　旋转复制参数设置

（6）冻结花朵模型。选择旋转复制出来的所有花瓣，在显示面板下的显示属性选项中找到【以灰色显示冻结对象】，取消勾选，在视图中单击鼠标右键，选择冻结当前选择。状态如图 2-2-7 所示。

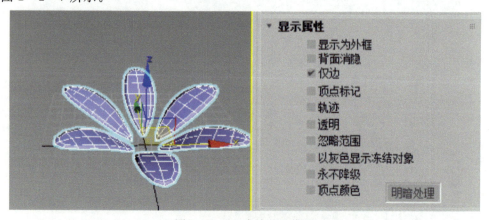

图 2-2-7　冻结花朵模型

（7）在顶视图中创建一个圆柱体，其参数及位置如图 2-2-8 所示。

（8）制作花心的模型。把圆柱体模型转换为可编辑多边形，按下键盘上的数字 4 键，进入多边形面子级别，选择如图 2-2-9 所示的面。

在编辑多边形卷展栏下找到【倒角】命令，点击【倒角设置】按钮进行设置，参数如图 2-2-10 所示。

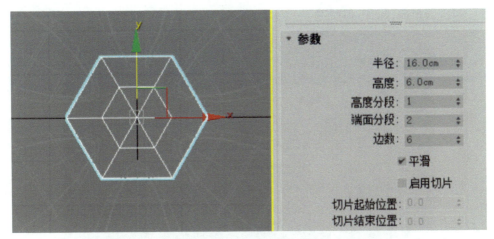

图 2-2-8　圆柱体的参数设置

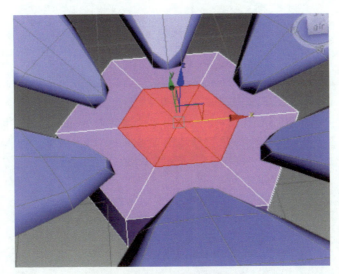

图 2-2-9　多边形面的选择

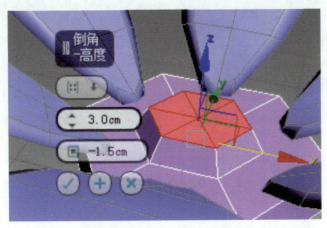

图 2-2-10　多边形倒角参数设置

通过多次倒角操作,得到如图 2-2-11 所示的模型。

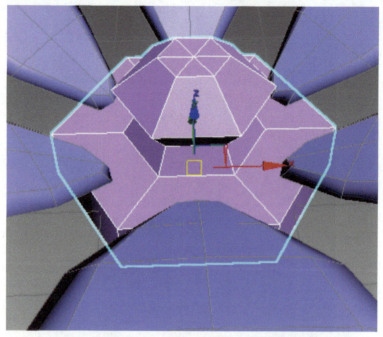

图 2-2-11　花心模型制作完成状态

(9) 制作花枝模型。选择如图 2-2-12 所示的面并沿 z 轴将其向下拖动一点距离。

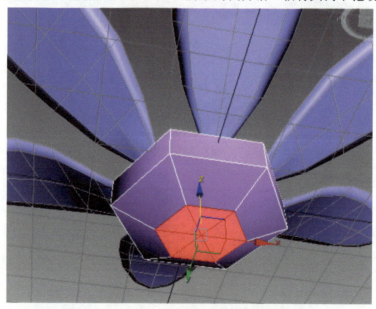

图 2-2-12　选择制作花枝的面

通过对这些面的倒角和挤出完成花枝模型,状态如图 2-2-13 所示。

右击鼠标,取消所有冻结对象,并框选所有模型。在组菜单下,选择【组】命令,对小花模型进行成组操作,状态如图 2-2-14 所示。

图 2 - 2 - 13　花枝模型制作完成状态　　　　　图 2 - 2 - 14　完成的小花模型

任务三　花瓶模型制作

任务目标

　　通过花瓶模型的制作，掌握 FFD 修改器和壳修改器的使用方法；能够将 FFD 修改器和壳修改器熟练应用到相似制作方法的模型制作中。

知识链接

　　（1）圆柱体参数的修改。
　　（2）FFD 修改器的使用。
　　（3）壳修改器的使用。

技能训练

　　花瓶模型的制作思路为：用 FFD 修改器修改圆柱体制作花瓶模型。通过添加壳修改器，修改花瓶厚度。
　　具体操作步骤如下：
　　（1）在顶视图中创建圆柱体，参数设置及位置如图 2 - 3 - 1 所示。

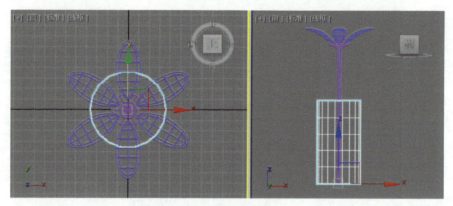

图2-3-1　圆柱体参数设置

（2）为圆柱体添加 FFD 3×3×3 修改器，进入控制点级别，在侧视图中选择需要修改的控制点，在顶视图中进行缩放操作，调整控制点位置如图2-3-2所示。

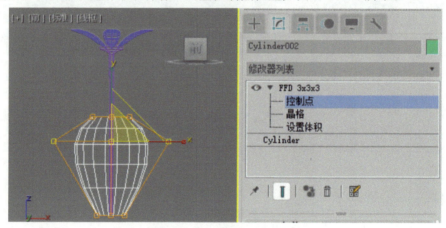

图2-3-2　调整控制点位置

（3）把调整好外形的圆柱体转换为可编辑多边形模型，按下键盘上的数字4键进入多边形级别，选择如图2-3-3所示的面。

图2-3-3　选择顶面

（4）在修改器列表中选择壳修改器，参数设置如图2-3-4所示。

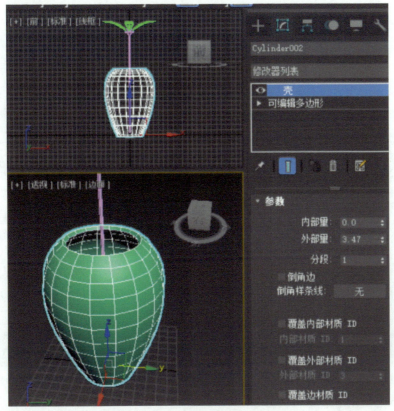

图2-3-4　壳修改器的参数设置

（5）整理名称，选择花瓶模型，在修改面板下把名称修改为"hp"，如图2-3-5所示，然后关闭文件。

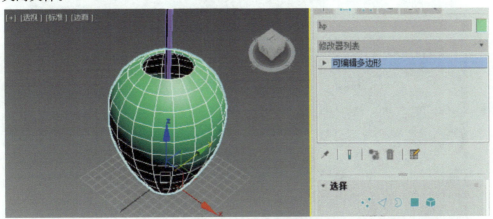

图2-3-5　为花瓶模型修改名称

（6）合并场景。

（7）选择场景中所有的模型，进行成组操作，命名为"ct"，成组窗台模型如图2-3-6所示。

　　（8）导入小花场景模型。在【文件】菜单下选择【导入】下的【合并】命令，如图2-3-7所示。

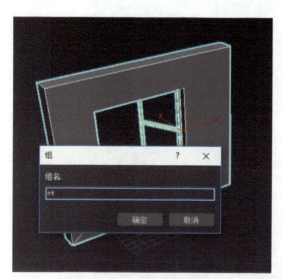

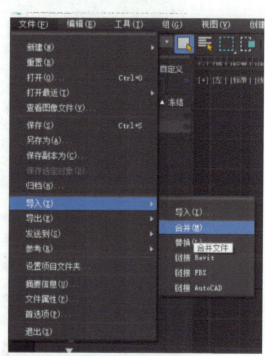

图2-3-6　成组窗台模型　　　　　　　　　　图2-3-7　导入小花场景模型

花瓶和小花合并进来后的状态如图2-3-8所示。

图2-3-8　场景合并后的初始状态

选择花瓶和小花模型，用缩放工具进行调节整理，完成状态如图2-3-9所示。

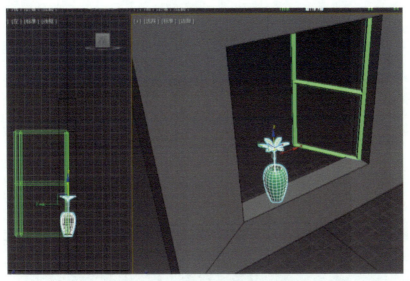

图 2-3-9 窗台小花场景合并完成

项 目 小 结

通过本项目的制作,我们掌握了如何把模型转换为可编辑的多边形,如何进入多边形子层级,以及如何对多边形面进行倒角、挤出操作。掌握了 FFD 3×3×3 修改器的使用方法,同时也掌握了如何合并场景。

拓 展 练 习

根据所掌握的知识点进行以上场景的制作练习,完成如图 2-3-10 所示的模型。

图 2-3-10 拓展练习模型

项目三　游泳池场景模型制作

 项目分析

制作如图 3-1 所示的游泳池场景模型。通过本项目的练习，掌握一些不规则模型的建模方法。

图 3-1　游泳池场景模型

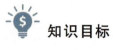 **知识目标**

（1）了解间隔工具的用法。

（2）了解噪波修改器、涟漪修改器的使用方法。

（3）了解放样模型的方法。

（4）了解车削工具的用法。

 能力目标

（1）掌握间隔工具创建模型。

（2）掌握噪波修改器和涟漪修改器修改三维物体模型的要求及方法。

（3）掌握利用车削修改器建模的方法。

任务一　摇椅模型制作

任务目标

通过摇椅模型的制作，掌握二维图形的绘制方法、线的附加方法以及物体间隔工具的使用方法。

知识链接

（1）二维图形的绘制。

（2）线的附加。

（3）挤出修改器的运用。

（4）间隔工具的应用要点。

技能训练

摇椅模型制作思路为：先制作一个立方体，让立方体通过沿样条线进行间隔操作实现模型的创建。

具体操作步骤如下：

（1）在顶视图中创建一个立方体，其位置和参数设置如图 3-1-1 所示。

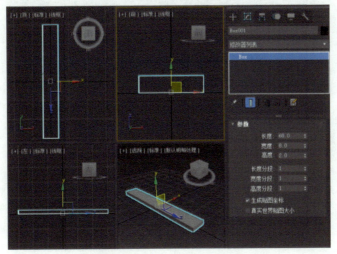

图 3-1-1　创建立方体

（2）在前视图中创建一条样条线，其位置状态如图3-1-2所示。

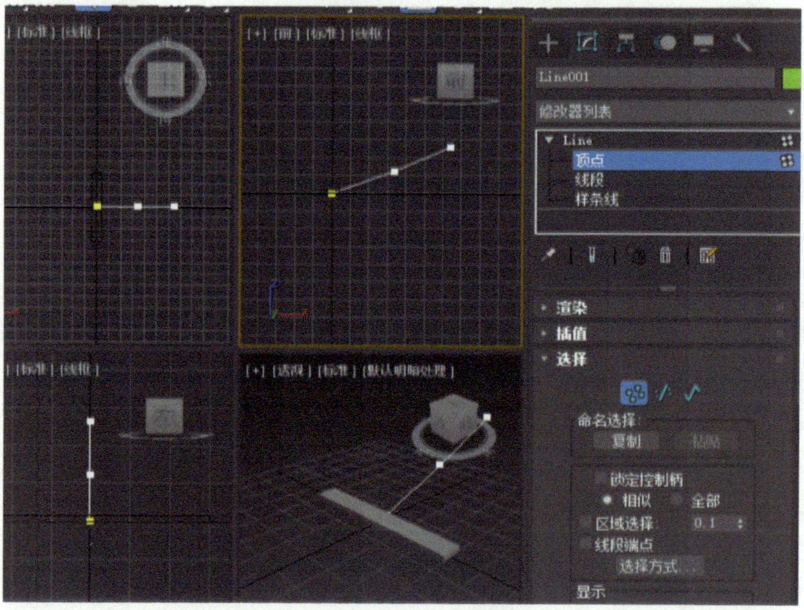

图3-1-2　创建样条线

（3）在样条线的修改面板中按下键盘上的数字1键，进入样条线的顶点级别，单击鼠标右键，在弹出的快捷菜单中选择Bezier状态，修改顶点类型如图3-1-3所示。

图3-1-3　修改顶点类型

（4）用移动工具调整各个顶点的 Bezier 手柄，调整曲线的状态，如图 3-1-4 所示。

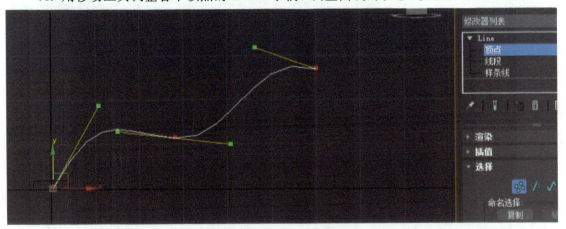

图 3-1-4 调整曲线形状

（5）选择立方体，在工具菜单下选择【对齐】命令下的【间隔工具】命令，其位置如图 3-1-5 所示。

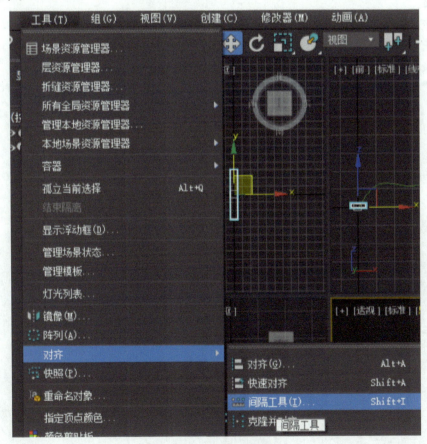

图 3-1-5 间隔工具的位置

（6）在打开的"间隔工具"对话框中点击【路径】按钮，接着点击前视图中的线，对间隔参数进行修改设置，参数状态如图 3-1-6 所示。

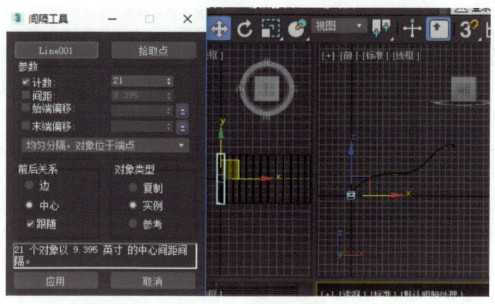

图 3-1-6　间隔参数设置

（7）应用间隔工具即可完成摇椅的椅面制作。接下来我们要制作支架，选择前面创建的线，在它的修改面板中打开渲染卷展栏，勾选【在渲染中启用】、【在视口中启用】两个选项，把渲染方式修改为【矩形】，参数如图 3-1-7 所示。

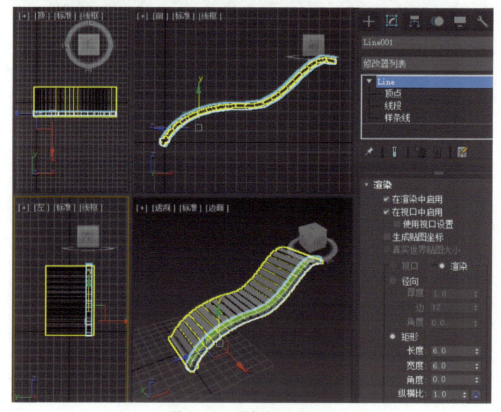

图 3-1-7　样条线的渲染设置

（8）复制一个制作完成的支架，位置如图3-1-8所示。

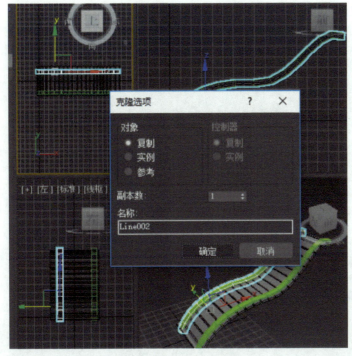

图3-1-8 复制样条线

（9）选择一根样条线，转换为可编辑多边形，在修改面板下找到【附加】命令，点击【附加】按钮，再在场景中点击另一根样条线，把两个物体附加为一个物体，如图3-1-9所示。

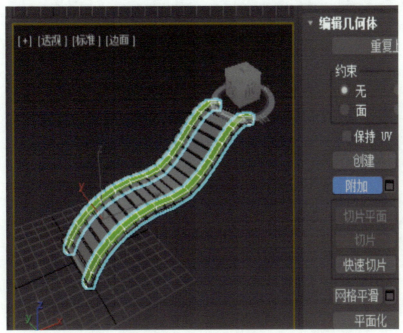

图3-1-9 物体的附加

（10）制作扶手。在前视图中创建线，用前面所学的修改顶点的方法把线的顶点转换为 Bezier 点并调整顶点手柄，最终状态如图 3-1-10 所示。

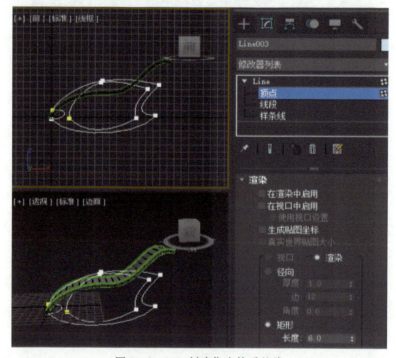

图 3-1-10　创建作为扶手的线

（11）选择调整好的线，在修改器列表中选择【挤出】选项，即可为线添加一个挤出修改器，调整挤出数量，状态如图 3-1-11 所示。

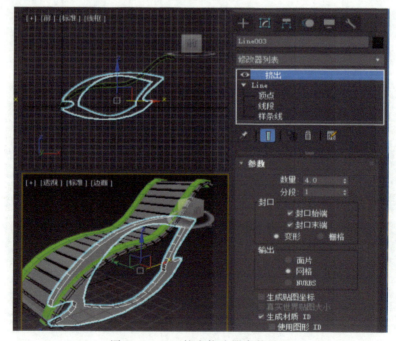

图 3-1-11　挤出修改器参数设置

（12）复制出一个制作完成的扶手，并将其调整到合适的位置，完成摇椅模型的制作，如图 3-1-12 所示。

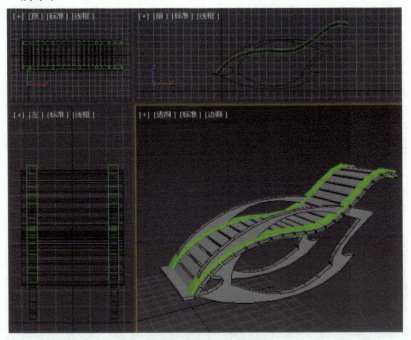

图 3-1-12　摇椅模型

任务二　太阳伞模型制作

任务目标

通过太阳伞模型的制作，掌握通过多边形中边界的修改来创建模型的方法。

知识链接

（1）圆锥体参数的修改。
（2）多边形物体点的修改。
（3）多边形物体边界的修改。

技能训练

太阳伞模型制作思路为：通过对圆锥体的修改完成太阳伞伞面模型的制作；通过对圆柱体的修改完成对伞架模型的制作。

具体操作步骤如下：

（1）在顶视图创建一个圆锥体，参数设置如图 3-2-1 所示。

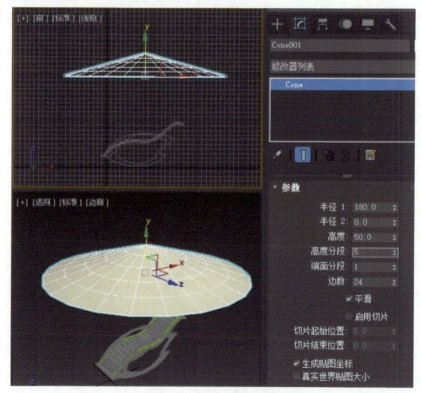

图 3-2-1　创建圆锥体

　（2）调整伞面形状，为圆锥体添加一个 FFD 3×3×3 修改器，通过调节控制点修改伞面模型到如图 3-2-2 所示状态，调整完成后将其转换为可编辑多边形。

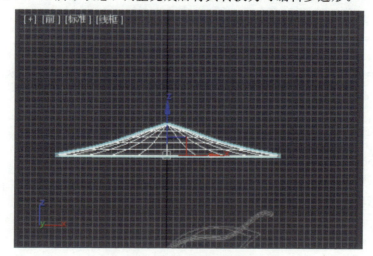

图 3-2-2　调整伞面形态

　（3）创建伞柄。在顶视图中创建一个圆柱体，在修改面板中减少边数，位置及参数设置如图 3-2-3 所示。

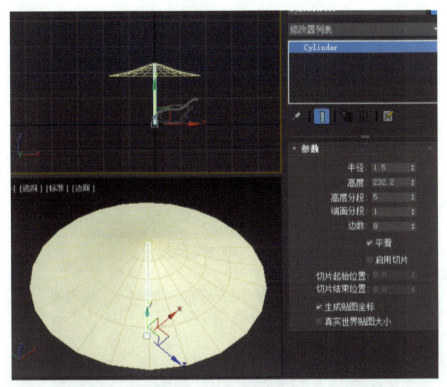

图 3-2-3　创建伞柄

（4）制作伞骨。在顶视图中创建一个大小合适的圆柱体进行移动旋转操作，伞骨设置参数及位置状态如图 3-2-4 所示。

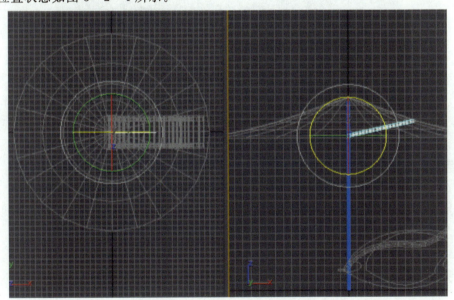

图 3-2-4　伞骨设置参数及位置状态

（5）选中摆放好的伞骨，按下键盘上的 E 键，打开角度捕捉开关，按下 Shift 键，拖动鼠标旋转 60°，复制 5 个副本，参数设置如图 3-2-5 所示。

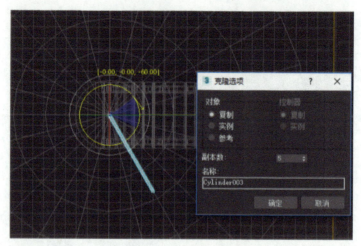

图 3 - 2 - 5　旋转复制参数设置

完成的太阳伞的状态如图 3 - 2 - 6 所示。

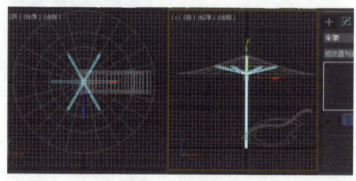

图 3 - 2 - 6　完成的太阳伞

任务三　玫瑰花模型制作

任务目标

　　通过一系列玫瑰花模型的制作，掌握利用二维线放样创建模型的方法；掌握用平面进行修改建模的方法。

知识链接

　　（1）放样物体的原理。
　　（2）放样物体的操作方法。
　　（3）弯曲修改器的使用方法。

技能训练

玫瑰花模型制作思路为：通过放样样条线进行基础模型的制作，然后通过使用 FFD 修改器对模型进行修改调整，完成花朵模型的制作。制作叶子时，用平面制作基础模型，通过 FFD 修改器调整最终效果。

具体操作步骤如下：

（1）制作花朵。在前视图中创建一个矩形，然后转换为可编辑样条线，并调整顶点，状态如图 3-3-1 所示。

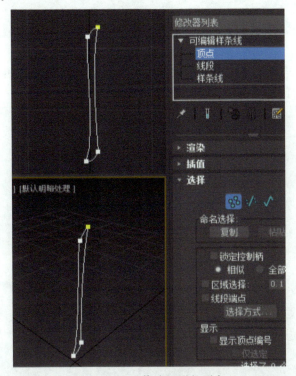

图 3-3-1 修改矩形的顶点

在顶视图中创建一条螺旋线，参数及位置状态如图 3-3-2 所示。

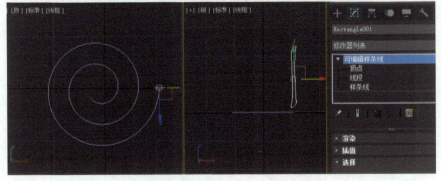

图 3-3-2 创建螺旋线的位置及参数

放样操作。选择螺旋线，在创建面板的复合对象选项中选择【放样】命令，创建方法选择【获取图形】，然后单击开始创建的矩形，放样完成的状态如图 3-3-3 所示。

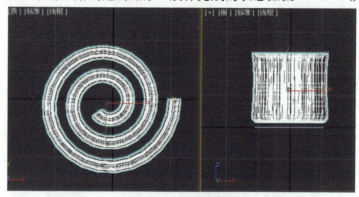

图 3-3-3　放样模型

调整花形。把放样物体转换为可编辑多边形，添加一个 FFD 圆柱体修改器，进入控制点级别，对控制点进行调整，状态如图 3-3-4 和图 3-3-5 所示。

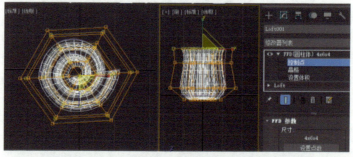

图 3-3-4　初调整的花朵形状

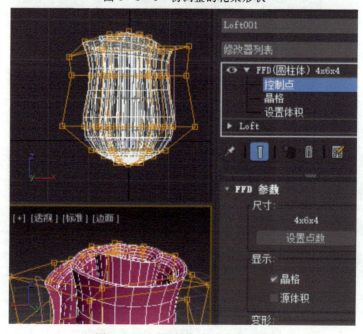

图 3-3-5　调整完成的花朵形状

　　（2）制作花托。选择制作完成的花朵，按下键盘上的 Alt＋X 组合键，将花朵模型做透明显示处理，右击鼠标选择冻结当前选择，把透明冻结的花朵模型作为制作花托的位置及大小的参考。接着在顶视图中创建一个圆柱体，位置参数如图 3-3-6 所示。

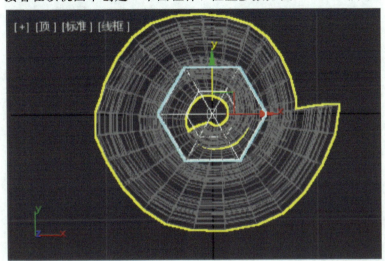

图 3-3-6　创建圆柱体

　　把圆柱体转换为可编辑多边形，进入顶点级别，在顶视图中删除一部分顶点，剩下的模型状态如图 3-3-7 所示。

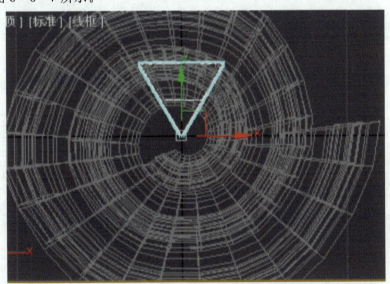

图 3-3-7　删除一部分顶点后的模型状态

　　按下键盘上的数字 2 键，进入多边形的边级别，按下 Shift 键的同时沿 z 轴向下拖动鼠标，复制出一条边来，状态如图 3-3-8 所示。

　　按下键盘上的数字 4 键，进入多边形的面级别，选中向上的面进行倒角操作。注意在倒角的过程中不要有线穿插倒角的过程。进入点的级别后根据花朵的形状对花托的顶点进行调节，一瓣花托完成的状态如图 3-3-9 所示。

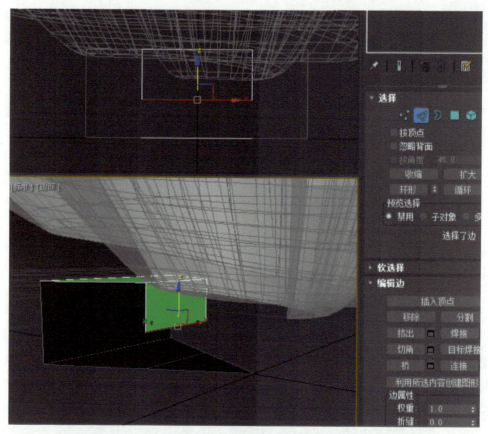

图 3-3-8　复制多边形的边

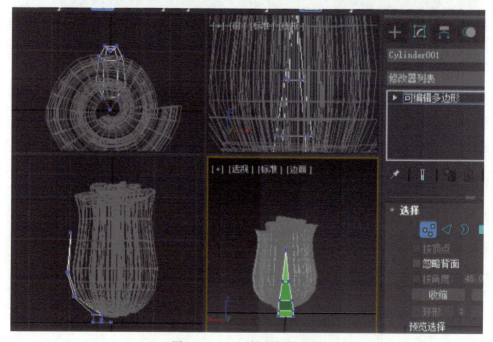

图 3-3-9　一瓣花托的状态

选择制作好的一瓣花托，旋转 60°复制出 5 个，选择一个模型并选择【附加】命令，把其他 5 个附加成一个物体，进入顶点级别，框选如图 3-3-10 所示的顶点，点击【焊接】命令按钮，参数如图 3-3-10 所示。

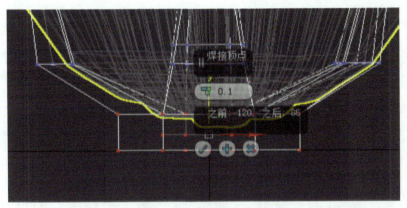

图 3-3-10　焊接顶点

（3）制作花枝。在前视图中，沿着花托的中心位置绘制一条样条线备用。选择花托模型，进入多边形级别，选中如图 3-3-11 所示的面，按下键盘上的 R 键转换为缩放工具，把选择的面适当缩小，按下键盘上的 W 键转换成移动工具，在修改面板中选择【沿样条线挤出】命令后面的【设置】按钮，状态如图 3-3-11 所示。

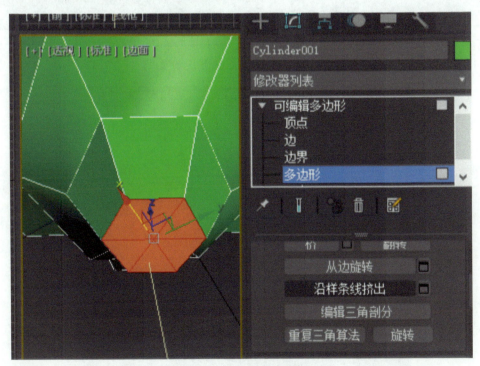

图 3-3-11　沿样条线挤出

沿样条线挤出的参数设置及最终结果如图 3-3-12 所示。

将花朵和花枝做父子链接。在工具栏中点击【选择并链接】工具，位置如图 3-3-13 所示。选择花朵模型，按下鼠标左键不放，拖动到花枝模型上松开左键，即可完成父子链接操作。花朵成为花枝的子对象，其特征是：花枝进行位置变化时，花朵也会随着变化，但是花朵变化时，花枝不受影响。

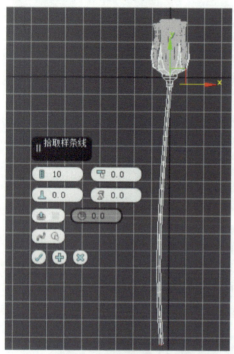

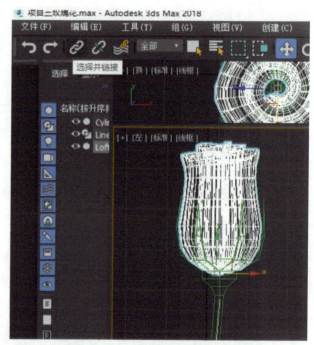

图 3-3-12　沿样条线挤出参数设置　　　　　　　　　图 3-3-13　选择并链接工具的位置

（4）制作叶子。在前视图中创建一个平面，参数设置如图 3-3-14 所示。

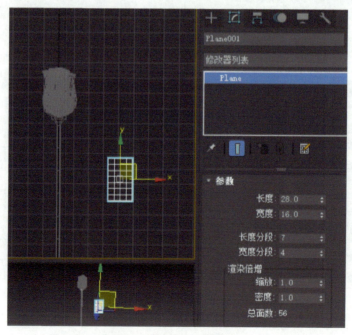

图 3-3-14　创建平面

给创建好的平面添加一个 FFD 4×4×4 修改器，进入控制点级别，对控制点进行调节，状态如图 3-3-15 所示。

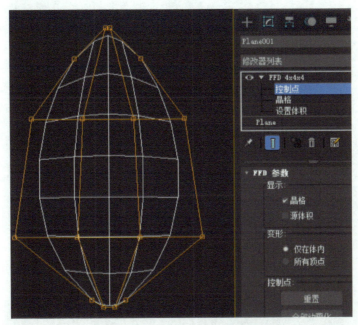

图 3-3-15　调节叶子初始形状

把调整好的叶子模型转换为可编辑的多边形，并在修改器列表中为它添加第一个弯曲修改器，参数设置如图 3-3-16 所示。

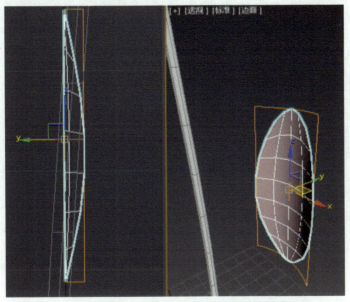

图 3-3-16　第一个弯曲修改器的参数设置

为了让叶子的形态更真实，给模型添加第二个弯曲修改器，将其转换为旋转工具后，进入弯曲修改器的 Gizmo 级别，打开角度捕捉开关，在透视图中把 Gizmo 沿 y 轴旋转 90°，状态如图 3-3-17 所示。

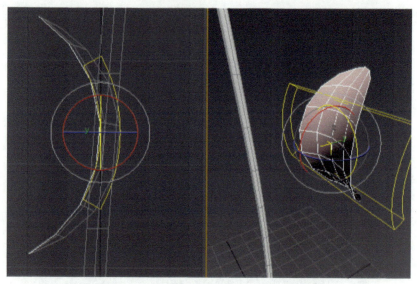

图 3-3-17　第二个弯曲修改器的修改设置

　　转换成移动工具后，把 Gizmo 的中心沿 z 轴向下移动，位置如图 3-3-18 所示，即可完成叶子的制作。

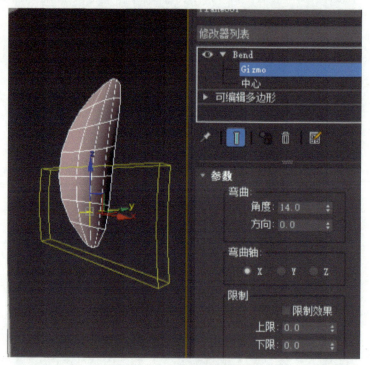

图 3-3-18　叶子模型完成状态

　　（5）调整模型。为花朵、花枝、叶子分别重命名，然后把叶子再复制一个并调整其位置，把两片叶子分别做为子对象链接给花枝，状态如图 3-3-19 所示。

　　玫瑰花模型完成的最后效果如图 3-3-20 所示。

　　（6）制作花瓶。在前视图中创建一条样条线，位置状态如图 3-3-21 所示。

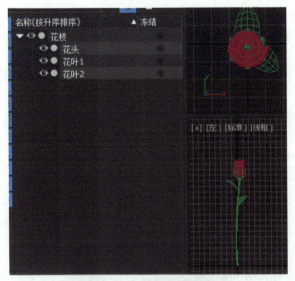

图 3 - 3 - 19　为模型重命名

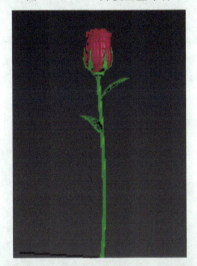

图 3 - 3 - 20　玫瑰花模型完成状态

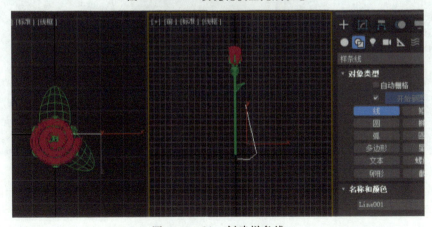

图 3 - 3 - 21　创建样条线

选择样条线，在修改器列表中选择车削修改器，参数设置如图3-3-22所示。

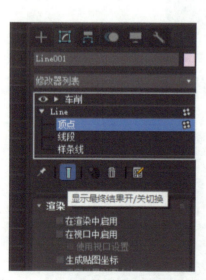

图3-3-22　车削修改器的参数设置

在修改面板中，进入样条线的顶点级别，打开"显示最终结果开/关切换"列表，其位置如图3-3-23所示。

接着修改顶点的类型并调整顶点的手柄，最终状态如图3-3-24所示。

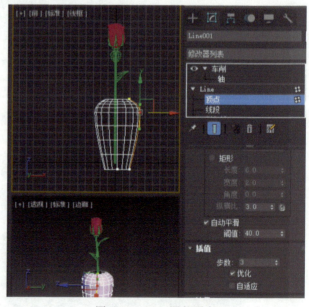

图3-3-23　显示最终结果按钮开关位置　　　　图3-3-24　调整顶点

至此，花瓶模型就制作完成了，复制两个前面制作好的玫瑰花模型，调整其位置状态，即可完成玫瑰花模型的制作。完成状态如图3-3-25所示。

图 3-3-25　玫瑰花模型完成状态

任务四　游泳池模型的制作

任务目标

通过游泳池模型的制作，掌握简单多边形的建模方法和噪波修改器的使用方法。

知识链接

（1）多边形中面的倒角。
（2）多边形中线的连接。
（3）噪波修改器的运用。

技能训练

游泳池模型制作思路为：通过创建平面并将其转换成多边形后，对多边形的倒角进行简单多边形建模，形成池子。通过对线条的修改制作扶梯模型，并通过使用噪波修改器制作水面模型。

具体操作步骤如下：

（1）在顶视图中创建一个平面，其效果如图 3-4-1 所示。

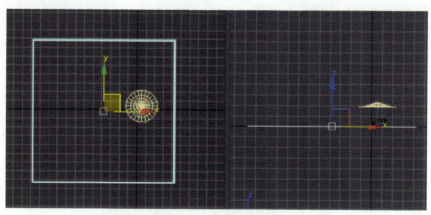

图 3-4-1　平面的效果

（2）把平面转换为可编辑多边形，进入多边形级别。在修改面板下选择【倒角】命令，多边形第一次倒角的参数设置如图 3-4-2 所示。

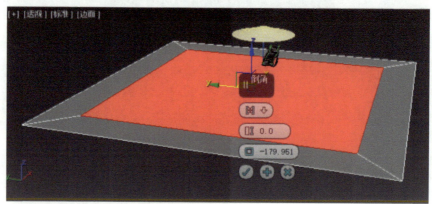

图 3-4-2　多边形第一次倒角参数设置

接下来再次进行倒角。第二次参数设置如图 3-4-3 所示。

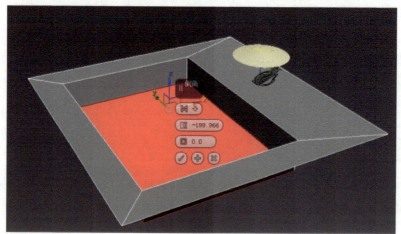

图 3-4-3　多边形第二次倒角参数设置

（3）制作扶梯模型。在前视图中创建样条线，修改顶点状态如图 3-4-4 所示。

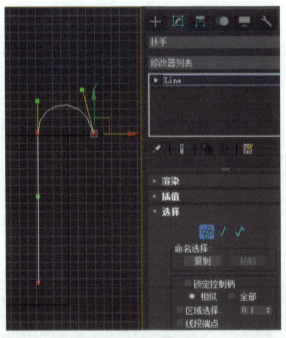

图 3-4-4　创建样条线

在修改面板下修改渲染参数设置，其参数如图 3-4-5 所示。

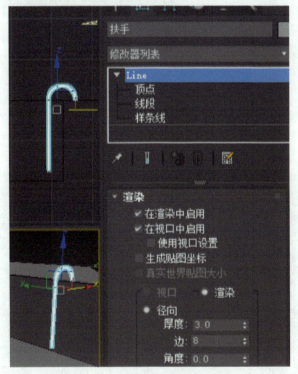

图 3-4-5　修改线的渲染参数

（4）在前视图中创建适当大小的圆柱体并进行复制作为梯阶，最终效果如图 3-4-6 所示。

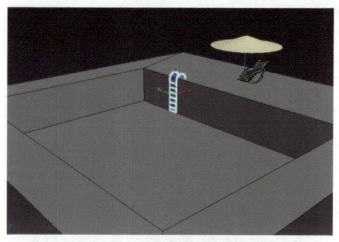

图 3 - 4 - 6　扶梯完成的状态

（5）在顶视图中创建一个平面，增加分段数，参数设置如图 3 - 4 - 7 所示。

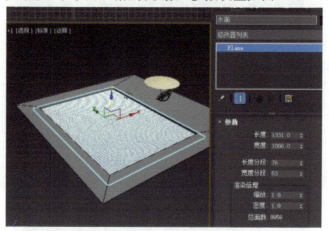

图 3 - 4 - 7　平面的参数设置

接下来为平面添加噪波修改器，其参数设置如图 3 - 4 - 8 所示。

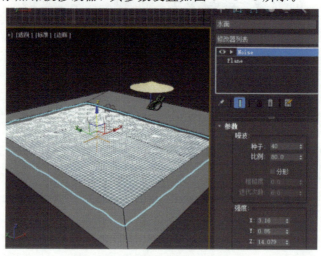

图 3 - 4 - 8　水面模型制作完成状态

　　至此，场景模型制作完成。接着需要把花瓶模型合并到游泳池模型场景中。在游泳池模型场景打开的状态下，点击文件菜单【导入】命令下的【合并】命令，打开合并文件对话框，找到花瓶模型场景文件保存的路径，并选择场景进行合并，然后调整其大小、位置，完成整个场景的制作。

项 目 小 结

　　通过本项目的制作，我们掌握了间隔工具的用法、放样物体的制作方法、FFD圆柱体修改器的用法、弯曲修改器的用法、噪波修改器的用法、线的渲染设置方法、多边形的沿样条线挤出和文件的合并方法等，丰富了我们制作三维场景模型的方法。

拓 展 练 习

　　根据所掌握的知识点制作以上场景模型，并完成如图3-4-9所示场景。

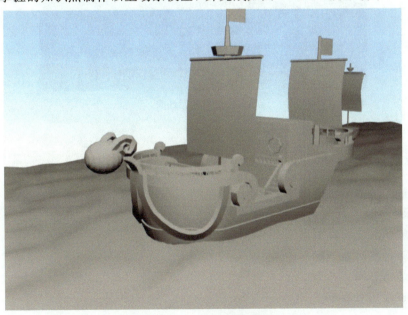

图 3-4-9　拓展训练参考图

项目四　客厅场景模型制作

项目分析

　　本项目将制作一个如图 4 - 1 所示的简单的客厅场景模型。通过该场景的制作我们将系统学习模型的制作方法，材质的添加和摄影机灯光的设置以及渲染出图的全过程。

图 4 - 1　客厅场景

知识目标

　　（1）了解多边形建模的基本方法。
　　（2）了解 FFD 修改器精细调整模型的方法。
　　（3）了解车削修改器创建三维物体的方法。
　　（4）了解材质的添加制作。
　　（5）了解摄影机的添加。
　　（6）了解灯光的添加。

能力目标

　　（1）掌握多边形建模的基本方法。
　　（2）掌握使用 FFD 修改器精细调整模型的方法。
　　（3）掌握利用车削修改器建模的方法。
　　（4）掌握材质编辑器的使用方法。

（5）掌握摄影机的创建方法。

（6）掌握灯光的设置方法。

任务一　沙发和茶几模型制作

任务目标

通过制作沙发和茶几模型，掌握模型制作的相关知识点并学会使用相关工具；达到能独立制作创建方法相似的案例的能力。

知识链接

（1）立方体的创建和修改。

（2）多边形的挤出。

（3）线的连接。

技能训练

沙发和茶几模型制作思路为：在通过创建立方体并修改，然后经过可编辑多边形对它进行加线操作后，我们再对面进行挤出修改，制作沙发的底座。通过创建扩展基本体来完成沙发座垫和茶几模型的制作。

具体操作步骤如下：

（1）制作沙发底座。新建一个场景，创建立方体，其位置及参数设置如图4-1-1所示。

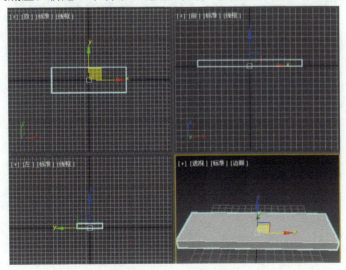

图4-1-1　创建立方体

将创建好的立方体转换为可编辑多边形，按下键盘上的数字 2 键进入多边形模型的边级别，在前视图中框选平行于视图的所有边，在修改面板下找到【连接】命令，对连接参数进行修改，参数及状态如图 4-1-2 所示。

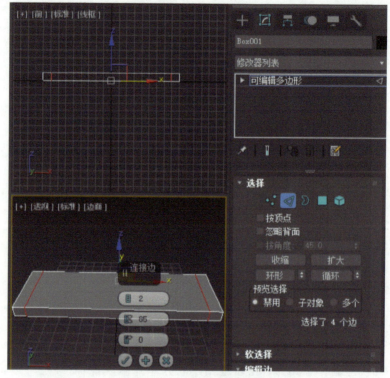

图 4-1-2　连接边参数设置

将图 4-1-2 连接出来的面作为扶手挤出的位置，在顶视图中框选纵向的所有边进行第二次连接，其参数设置如图 4-1-3 所示。这次连接生成的面将挤出沙发的靠背部分。

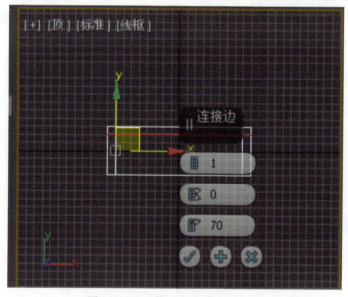

图 4-1-3　第二次连接参数设置

按下键盘上的数字4键，进入多边形的面级别，在透视图中，选择需要挤出靠背和扶手的面，进行挤出操作，状态如图4-1-4所示。

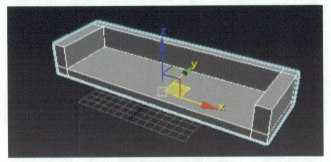

图4-1-4　挤出靠背和扶手

（2）制作沙发座垫。根据沙发底座的大小，在顶视图中创建一个适当的切角长方体并调整位置，再旋转复制出一个作为靠垫，状态如图4-1-5所示。

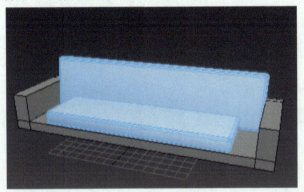

图4-1-5　制作座垫和靠垫

（3）制作扶手垫。创建一个切角长方体，增加高度分段，参数设置及位置如图4-1-6所示。

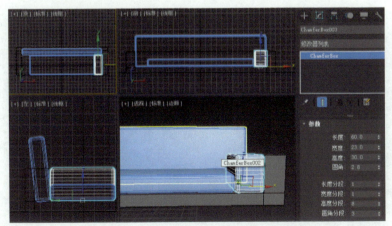

图4-1-6　切角长方体的参数设置及位置

给切角长方体添加一个FFD 3×3×3修改器，进入控制点级别，并对控制点进行调整，状态如图4-1-7所示。

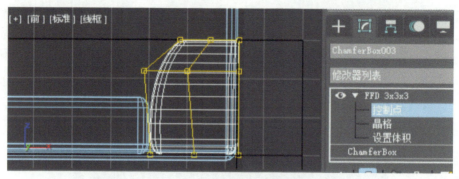

图 4-1-7　调整扶手垫的形状

　　把调整好的扶手垫镜像复制一个，调整位置如图 4-1-8 所示，即可完成沙发模型的制作。

图 4-1-8　沙发模型制作完成状态

　　（4）制作茶几。在顶视图中的适当位置创建一个长方体，参数及位置状态如图 4-1-9 所示。

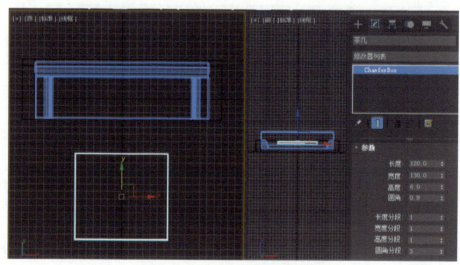

图 4-1-9　茶几的位置及参数设置

在创建扩展标准基本体下面找到环形结，在顶视图中创建一个环形节，其参数设置如图 4-1-10 所示。

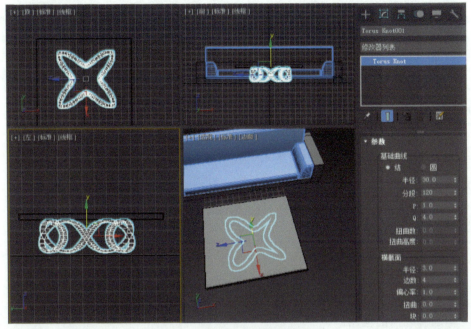

图 4-1-10　环形节参数设置

接下来调整环形节的位置，即可完成茶几模型的制作，茶几模型的最终效果如图 4-1-11所示。

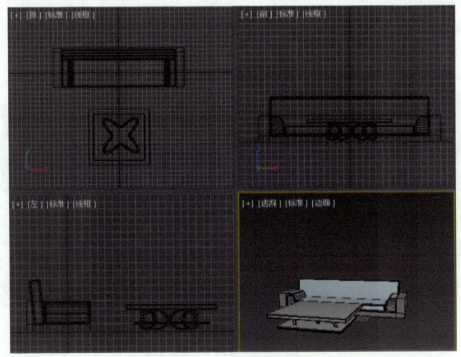

图 4-1-11　茶几模型制作完成状态

任务二　托盘模型制作

任务目标

　　通过托盘模型的制作掌握车削修改建模的方法及要点；能够举一反三创建相似方式的模型。

知识链接

　　（1）样条线的绘制。
　　（2）样条线顶点属性的修改。
　　（3）车削修改器的应用。

技能训练

　　托盘模型的制作思路为：创建托盘的截面图形，通过添加车削修改器创建托盘模型。具体操作步骤如下：
　　（1）在前视图中创建托盘模型的截面图形，状态如图4-2-1所示。

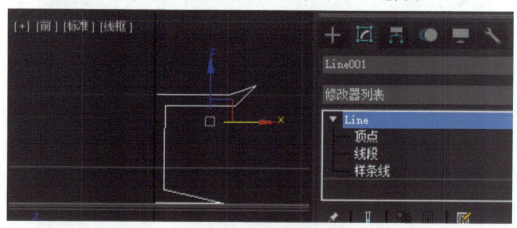

图4-2-1　托盘截面图形

　　（2）在截面图形的修改面板下添加车削修改器，进入线的顶点级别并打开最终显示开关，调整顶点的类型并修改手柄状态，托盘的最终效果如图4-2-2所示。

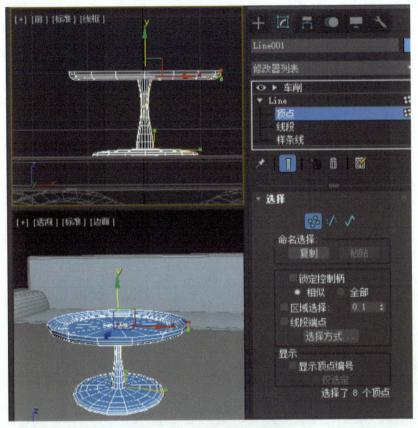

图 4 - 2 - 2　托盘的完成效果

任务三　水果模型制作

任务目标

通过水果模型的制作，掌握 FFD 圆柱体修改器调整模型和弯曲修改器的调整方法。

知识链接

（1）FFD 圆柱体修改器的使用。
（2）弯曲修改器的使用。

技能训练

水果模型的制作思路为：通过对球体添加 FFD 圆柱体修改器完成水果模型的制作。

具体操作步骤如下：

（1）制作苹果果子模型。在顶视图中创建一个球体，使用默认参数设置。在球体的修改面板下为球体添加 FFD 圆柱体修改器，进入控制点级别，对控制点进行放缩和移动操作，最终完成苹果的模型。苹果果子模型完成状态如图 4-3-1 所示。

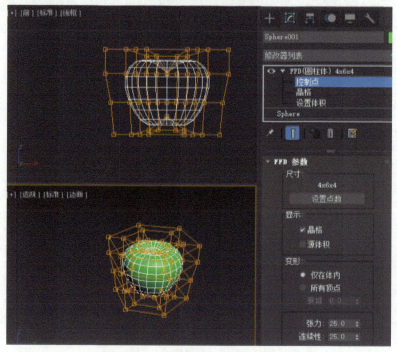

图 4-3-1　苹果果子模型的完成状态

然后制作苹果的柄。在顶视图中创建一个大小合适的圆柱体，其参数及位置状态如图 4-3-2 所示。

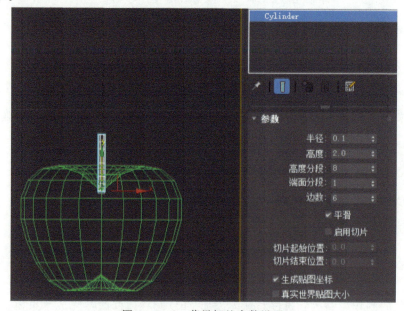

图 4-3-2　苹果柄的参数设置

为圆柱体添加一个 FFD 3×3×3 修改器，进入控制点级别，把圆柱体修改为上面稍大下面稍小的状态，然后为圆柱体添加弯曲修改器并增加角度值，使圆柱体形成一定的弯度，即可完成苹果柄模型的制作。

（2）制作梨模型。把制作好的苹果果子模型复制出一个。为复制出来的模型添加 FFD 圆柱体修改器，进入控制点级别，对控制点进行修改，状态如图 4-3-3 所示。

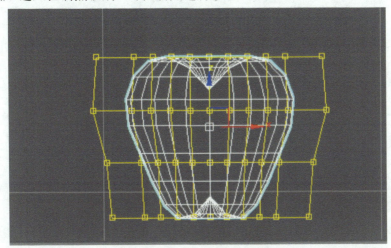

图 4-3-3　梨模型初步调整

对梨模型进行镜像操作，让小头朝上，继续添加 FFD 圆柱体修改器，通过调节控制点把中间凹进去的点调整到上方，用制作苹果柄的方法制作梨的柄。梨的完成状态如图 4-3-4 所示。

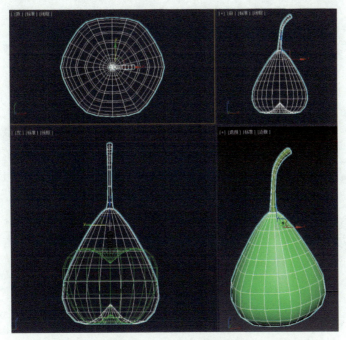

图 4-3-4　梨的完成状态

（3）制作桔子模型。在顶视图中创建一个立方体，参数设置如图 4-3-5 所示。

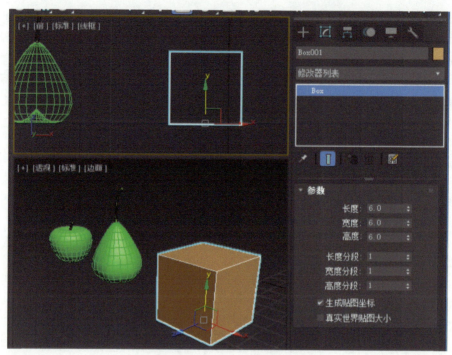

图 4-3-5　立方体的参数设置

为立方体添加一个 FFD 圆柱体修改器并按如图 4-3-6 所示调整控制点的状态，完成桔子模型的制作。

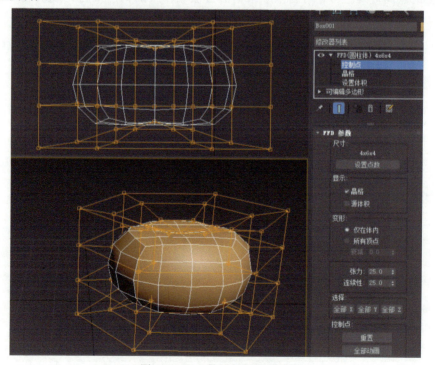

图 4-3-6　桔子的调整状态

调整已完成的水果模型的位置，状态如图 4-3-7 所示。

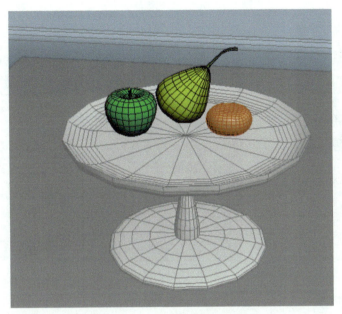

图 4 - 3 - 7　水果模型的位置状态

任务四　场景材质制作

任务目标

通过场景材质的制作，掌握材质编辑器的相关知识点；掌握基本材质的制作方法。

知识链接

（1）材质编辑器的应用。
（2）渐变材质的制作。
（3）材质贴图的应用。

技能训练

场景材质制作的思路为：通过对场景中不同材质的制作掌握材质的制作方法。

具体操作步骤如下：

（1）沙发底座材质的制作。按下键盘上的 M 键调出材质编辑器，点击材质球窗口中的第一个材质球，如图 4 - 4 - 1 所示。

在视图中选择沙发底座，在材质编辑器中单击【将材质指定给选定对象】按钮，如图 4 - 4 - 2 所示。

图 4-4-1　沙发底座材质
编辑器窗口

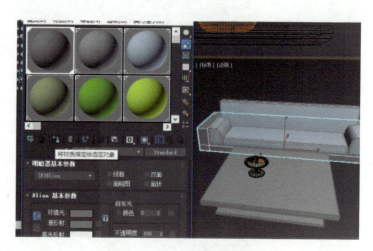

图 4-4-2　沙发底座指定材质

　　单击漫反射后的颜色条打开颜色选择器，设置沙发底座的颜色，适当调整高光级别和光泽度。沙发底座的颜色参数设置如图 4-4-3 所示。

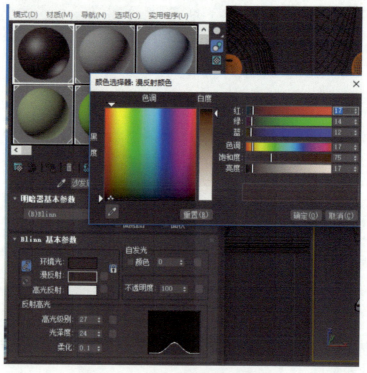

图 4-4-3　沙发底座的颜色参数设置

　　（2）茶几材质的制作。把第二个材质球用前面讲过的方法赋给茶几模型。在材质名称栏中修改名称为"茶几"，调整颜色参数和高光级别以及光泽度参数。茶几模型材质的参数设置如图 4-4-4 所示。

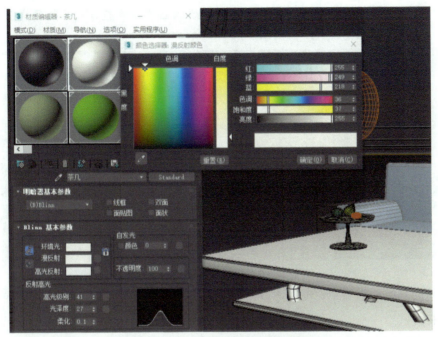

图 4-4-4　茶几模型材质参数设置

（3）沙发坐垫模型材质的制作。选择第三个材质球，修改名称为"沙发垫"，赋给沙发坐垫，调整颜色和高光级别以及光泽度的值，其参数设置如图 4-4-5 所示。

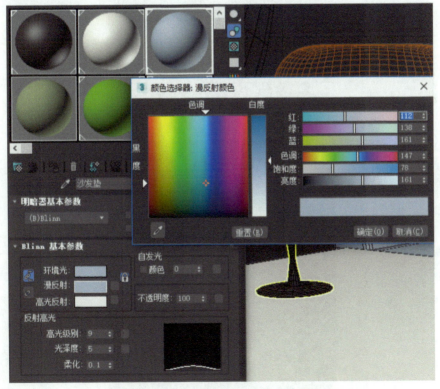

图 4-4-5　沙发垫模型材质参数设置

（4）沙发垫凹凸贴图的制作。打开沙发垫材质的贴图卷展栏，在凹凸通道添加一个噪波贴图，其参数设置如图4-4-6所示。

图4-4-6　沙发垫凹凸贴图的设置

为了使凹凸效果更真实，我们可对噪波参数进行一些调整。其参数设置如图4-4-7所示。

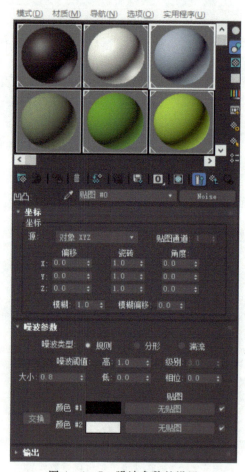

图4-4-7　噪波参数的设置

　　（5）托盘模型材质的制作。制作托盘模型材质时我们要给它添加一个木材的纹理，所以，要先准备好一张合适的木材纹理图片待用。然后在材质编辑器中选择一个新的材质球，命名为"托盘"，在漫反射的贴图通道中选择【位图】选项。位图的选择状态如图4-4-8所示。

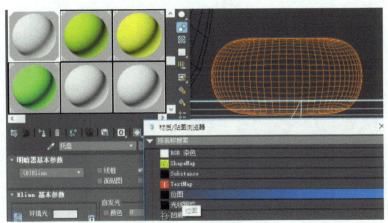

图4-4-8　位图的选择

　　选择位图并点击【确定】按钮后，会弹出"选择位图图像文件"对话框，找到提前准备好的木材图片，在默认状态下，图片会在预览窗口中显示出来。"选择位图图像文件"对话框如图4-4-9所示。

图4-4-9　"选择位图图像文件"对话框

　　单击【打开】按钮，适当调整高光级别和光泽度的值。观察场景中的托盘材质发现其纹理是扭曲的，在场景中选择托盘模型，在修改器列表中找到UVW贴图修改器，把默认的平面贴图修改为【柱形】并勾选【封口】，如图4-4-10所示，木纹显示正常。至此，托盘材质制作完成。

图 4-4-10　UVW 贴图修改器添加

　　（6）苹果模型材质的制作。我们将用渐变贴图来完成苹果材质的制作。选择一个新的材质球并重命名为"苹果"，在漫反射的贴图通道中添加一个渐变贴图，渐变参数的设置如图 4-4-11 所示。

图 4-4-11　渐变参数的设置

　　这时的苹果模型由绿到红渐变得很平均，看起来不真实。为了使贴图看起来更真实，可点击渐变参数中颜色♯2 后面的【贴图通道】按钮，加入"斑点"贴图，其状态如图 4-4-12 所示。

接下来修改斑点参数，在颜色♯1的贴图通道中添加"泼溅"贴图，其状态如图4-4-13所示。

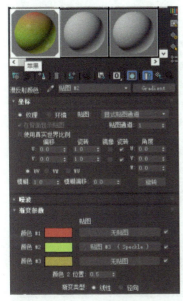 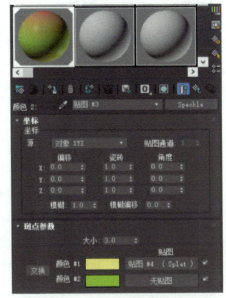

图4-4-12 添加斑点贴图   图4-4-13 添加泼溅贴图

最后修改泼溅参数中的颜色，其参数调整如图4-4-14所示。

（7）梨贴图的制作。选择一个新的材质球重命名为"梨"，指定给梨模型。在漫反射通道中添加"渐变"贴图，其状态如图4-4-15所示。

 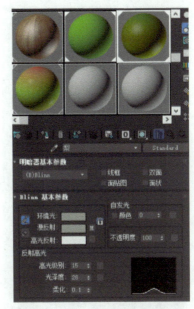

图4-4-14 泼溅参数调整   图4-4-15 指定"渐变"贴图

接下来修改渐变参数，并在颜色♯2中添加"斑点"贴图，其参数设置如图4-4-16所示。

最后修改斑点参数，其参数设置如图4-4-17所示。

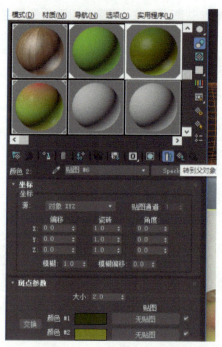

图 4 - 4 - 16　修改渐变参数　　　　　　图 4 - 4 - 17　修改斑点参数

（8）桔子材质的制作。设置漫反射通道颜色为桔黄色，并在凹凸通道里面添加"细胞"贴图，其状态如图 4 - 4 - 18 所示。

接下来修改细胞的参数，如图 4 - 4 - 19 所示。

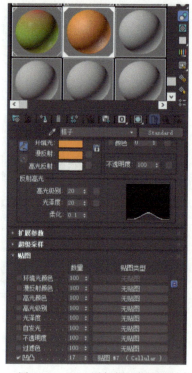

图 4 - 4 - 18　添加"细胞"贴图　　　　　　图 4 - 4 - 19　修改细胞参数

（9）地板贴图的制作。选择一个新的材质球，重命名为"地板"，并将其指定给地板模型，在漫反射通道中添加一个"木纹"贴图，并调整高光级别和光泽度的值，其状态如图4-4-20所示。

接下来在反射通道中添加一个"光线跟踪"贴图，并调整反射值，其状态如图4-4-21所示。

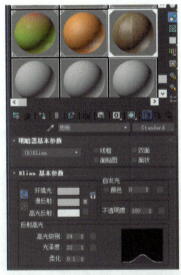
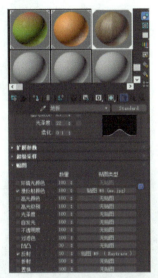

图4-4-20　为地板添加木材纹理　　　　图4-4-21　反射通道添加"光线跟踪"贴图

任务五　摄影机的设置

任务目标

通过本任务的完成，掌握摄影机的创建及参数的修改方法。

知识链接

（1）摄影机的创建。
（2）摄影机参数的设置。

技能训练

具体操作步骤如下：

（1）创建摄影机。在创建摄影机面板下的标准列表中，选择目标摄影机，其状态如图4-5-1所示。

图 4-5-1　选择标准目标摄影机

（2）选择摄影机并调整其位置，在摄影机的修改面板下修改摄影机的手动剪切参数，其参数设置如图 4-5-2 所示。

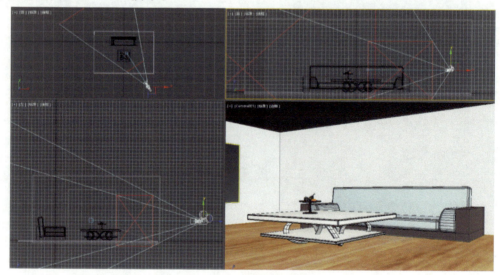

图 4-5-2　调整摄影机参数

友情提示：点击摄影机不同的位置会有不同的选项。如果点击目标点，则只能选择目标点，它的修改面板下没有参数；如果点击摄影机和目标点之间的连线，则会选择整个摄影机，修改面板下也没有参数。只有点击摄影机本身，才能进行参数设置。

任务六　灯光的设置

任务目标

通过灯光的设置，掌握灯光的使用及修改方法。

知识链接

（1）灯光的创建。
（2）灯光参数设置。

技能训练

在 3ds max 中一般采用三点布光的方式设置灯光，也就是一盏主光，两盏或多盏辅助光，然后调整灯光的参数，使场景达到需要的氛围。

具体操作步骤如下：

（1）创建灯光。在创建标准灯光面板下选择目标聚光灯，其状态如图 4-6-1 所示。

图 4-6-1　创建灯光面板

（2）调整灯光。在前视图中创建一盏目标聚光灯。在泛光灯的修改面板下把其强度降低为 0.3 左右，然后复制出两盏灯，其位置状态如图 4-6-2 所示。

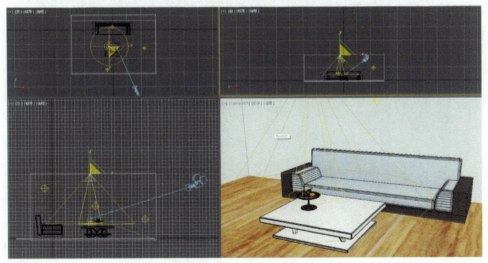

图 4-6-2　调整灯光位置

（3）调整灯光参数。前面复制出的泛光灯 3 是为了更好地为水果照明，但是它所处的位置把沙发照得太亮了，我们可以打开灯光参数中的"排除包含"对话框，排除对沙发的照明。灯光的"排除/包含"对话框设置如图 4－6－3 所示。

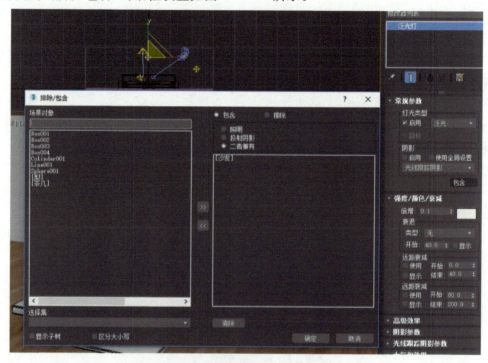

图 4－6－3　灯光的"排除/包含"对话框设置

设置好的灯光参数的场景照明状态如图 4－6－4 所示。

图 4－6－4　设置好的灯光参数的场景照明状态

任务七　渲染设置

任务目标

通过对客厅场景的渲染出图，掌握基本的渲染设置。

知识链接

（1）"渲染设置"对话框的设置。

（2）渲染输出客厅图片。

技能训练

具体操作步骤如下：

（1）按下键盘上的 F10 键，弹出"渲染设置"对话框，如图 4 - 7 - 1 所示。

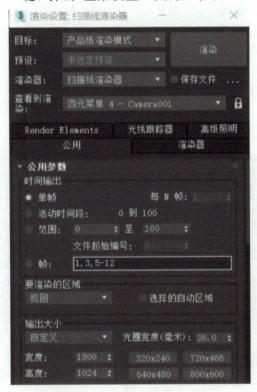

图 4 - 7 - 1　"渲染设置"对话框

（2）勾选【保存文件】选项，弹出"保存文件"对话框，设置保存路径和名称以及保存的类型后，点击【保存】按钮。在【公用参数】中的【时间输出】项中选择【单帧】（如果是渲染输出动画，则要选择【活动时间段】或者【范围】选项）。在【输出大小】中，选择合适的宽度和高度，在确定摄影机视图被激活的状态下，点击【渲染】按钮。客厅渲染输出图如图4－7－2所示。

图4－7－2　客厅渲染输出图

项　目　小　结

在本项目中，我们从创建模型到添加材质、添加摄影机、创建灯光以及渲染设置，最终渲染输出了一张完整的客厅图。通过该项目的实践我们掌握了一个简单三维场景制作的全过程。

拓　展　练　习

根据本案例的制作思路试着制作如图4－7－3所示模型。

图4－7－3　室内拓展练习参考

项目五　展台上的青花瓷瓶场景制作

 项目分析

本项目将制作一个如图 5-1 所示的展台上的青花瓷瓶。通过本项目的练习，了解展平贴图坐标的意义；掌握利用 UVW 展开修改器展平简单模型的贴图坐标的方法。

图 5-1　展台上的青花瓷瓶

 知识目标

（1）理解贴图坐标展平的意义。
（2）了解 UVW 展开修改器的使用方法。

 能力目标

（1）掌握 UVW 展开修改器的基本使用方法。
（2）掌握简单材质贴图的制作方法。
（3）巩固扩展灯光、摄影机的使用。

任务一　展台模型制作

任务目标

通过展台模型的制作，理解贴图坐标的作用；掌握立方体的贴图坐标展平方法；熟悉材质编辑器的基本参数的调节方法。

知识链接

（1）贴图的原理。
（2）展平贴图坐标的方法。
（3）材质编辑器的参数调整。
（4）为物体添加材质的方法。

技能训练

展台模型的制作思路为：制作一个比例合适的长方体，通过展平贴图坐标和贴图材质来模仿展台。

具体操作步骤如下：

（1）创建一个新文件，按下键盘上的 Ctrl＋S 组合键进行保存，并将其命名为"展台上的青花瓷瓶"。在顶视图中创建一个长方体，其参数设置如图 5-1-1 所示。

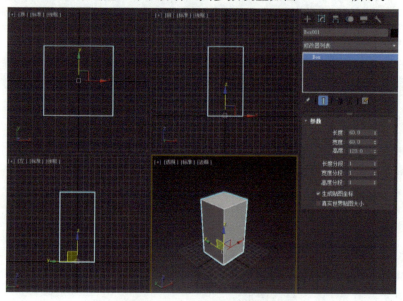

图 5-1-1　长方体参数设置

（2）展平贴图坐标。因为我们需要制作的展台的各个面上的花纹不同，所以在制作材质之前要先展平贴图坐标。在修改器列表中找到并单击【UVW 展开修改器】按钮，为长方体添加一个 UVW 展开修改器。在修改面板中单击【UV 编辑】按钮，弹出"编辑 UVW"对话框，其状态如图 5-1-2 所示。

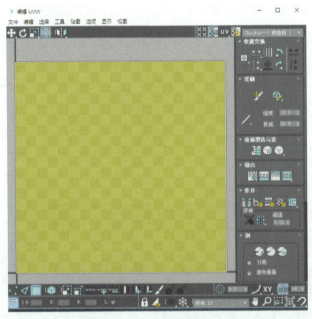

图 5-1-2　UVW 编辑修改器

接下来框选所有的面，选择【贴图】菜单下的【展平贴图】命令，确定后的状态如图 5-1-3 所示。

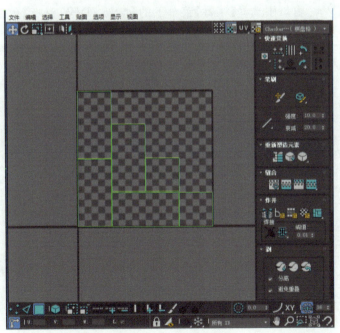

图 5-1-3　展平贴图

为了使贴图尽量少有接缝,我们需要重新整理一下。在"编辑 UVW"对话框中框选所有的 UV 贴图并移出第一象限,进入面级别,在透视图中选择一个面,在"编辑 UVW"窗口中把这个面移动到第一象限的适当位置,进入边的级别,选择这个面的一条竖向上的边,单击鼠标右键,在弹出的快捷菜单中选择【缝合选择对象】,则和它共边的那个面会自动缝合到第一象限的这个面上。依次把剩下的面缝合完成,最终状态如图 5 - 1 - 4 所示。

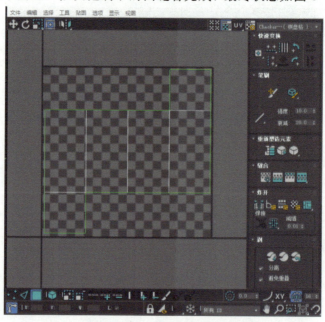

图 5 - 1 - 4　UV 贴图坐标调整完成状态

(3)渲染 UVW 模板。为了更好地制作贴图,我们需要把展平的 UVW 贴图进行渲染保存。在"编辑 UVW"窗口中选择【工具】菜单下的【渲染 UVW 模板】命令,在"渲染贴图"窗口中点击【保存】按钮,保存渲染出来的图片。渲染 UVW 模板如图 5 - 1 - 5 所示。

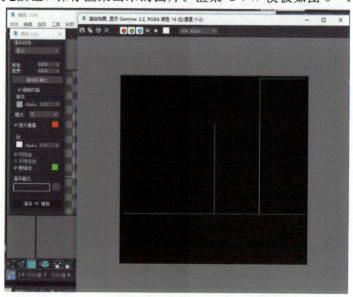

图 5 - 1 - 5　渲染 UVW 模板

（4）制作屏风模型。在顶视图中创建一条样条线，其位置如图 5-1-6 所示。

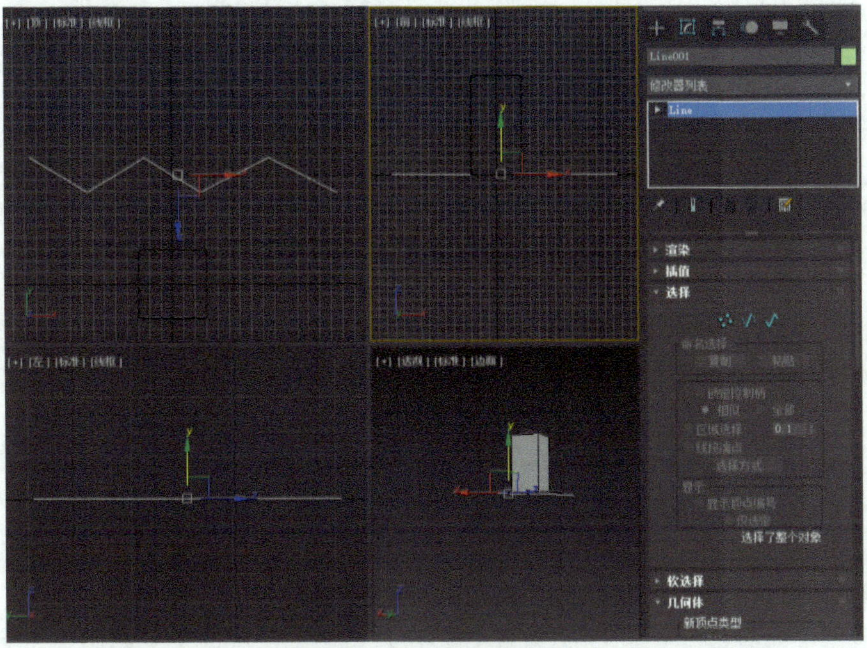

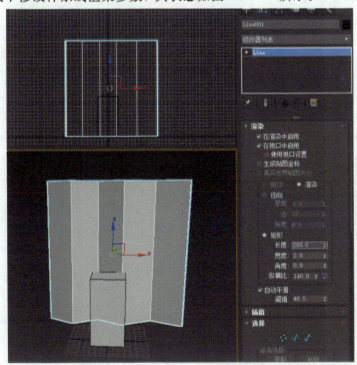

图 5-1-6　创建样条线

在修改面板下修改样条线渲染参数，其状态如图 5-1-7 所示。

图 5-1-7　修改样条线的渲染参数

（5）制作地面模型。在顶视图中创建一个立方体，其位置及参数设置如图 5-1-8 所示。

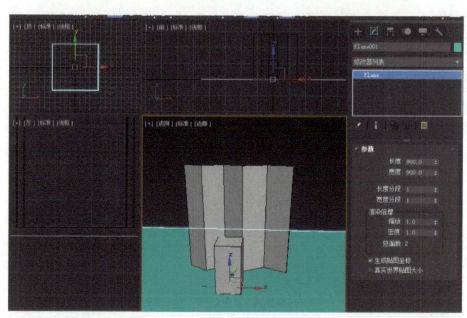

图 5-1-8　地面的位置及参数设置

（6）展平屏风的贴图坐标。在"编辑 UVW"窗口中把所有的 UV 贴图移出第一象限，进入多边形级别，选择屏风竖向上的所有面，在修改面板的投影卷展栏中选择【平面投影】状态。平面投影贴图如图 5-1-9 所示。

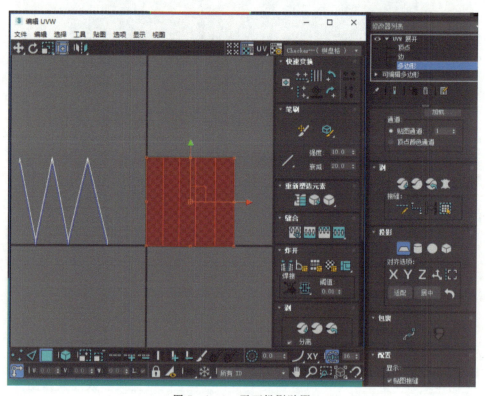

图 5-1-9　平面投影贴图

退出平面投影,选择刚刚展平的贴图移出第一象限。接着选择没展开的所有面,在【贴图】菜单下选择【展平贴图】命令,展平状态如图 5-1-10 所示。

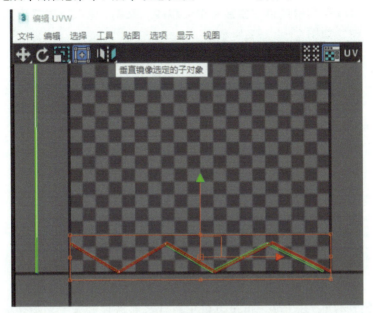

图 5-1-10 展平屏风顶面和底面的贴图

把顶面和底面的贴图分别进行整理,将它们适当缩放,屏风的贴图坐标展平完成状态如图 5-1-11 所示。

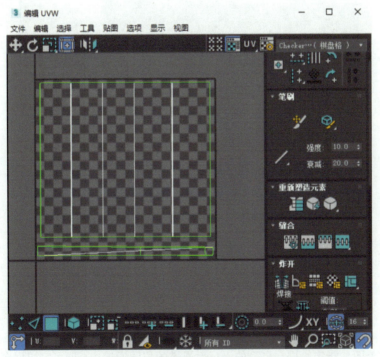

图 5-1-11 屏风的贴图坐标展平完成状态

按前面讲过的方法,把屏风的贴图坐标进行渲染输出,并保存备用。

（7）制作地面材质。打开材质编辑器，选择一个材质球指定给地面模型并命名为"地板"。在漫反射颜色通道中添加一个大理石材质的图片，在凹凸通道中添加一个黑白的地板砖缝的图片。接着在反射通道中添加一个光线跟踪贴图，修改反射强度为 12。地板材质的贴图通道参数设置如图 5-1-12 所示。

图 5-1-12　地板材质的贴图通道参数设置

（8）制作展台材质。在 Photoshop 软件中打开之前保存的展台贴图坐标展平的渲染图进行编辑。制作好的展台贴图状态如图 5-1-13 所示。

图 5-1-13　制作好的展台贴图

在 Photoshop 中，将最上面绿色渲染线的图层隐藏，另存为一个 .jpeg 格式的文件。在 3ds max 中把这个图片指定给展台模型的漫反射通道的位图通道中，即可完成展台材质的制作。

制作屏风贴图的方法和制作展台的方法一样，请读者思考一下，完成屏风材质的制作。

任务二　青花瓷瓶模型制作

任务目标

通过对展台上的青花瓷瓶的制作，掌握不规则形态物体的 UV 展开方法和贴图的制作方法；掌握简单的灯光设置方法和渲染设置方法。

知识链接

(1) 多边形建模。
(2) UVW 展开修改器的应用。
(3) 贴图的制作方法。
(4) 灯光的创建及参数调整。
(5) 摄影机的创建及参数调整。
(6) 渲染设置。

技能训练

青花瓷瓶模型的制作思路为：利用车削制作花瓶模型，重点在用柱形投影来展平贴图坐标，然后利用 Photoshop 制作贴图。

具体操作步骤如下：

(1) 在前视图中创建一条样条线，并修改其顶点，样条线的完成状态如图 5 - 2 - 1 所示。

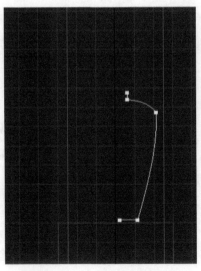

图 5 - 2 - 1　样条线完成状态

（2）退出样条线的顶点级别，在修改面板中给它添加一个车削修改器，进入线的顶点级别，把不合适的地方进行适当的修改，完成模型的制作，顶点状态如图 5-2-2 所示。

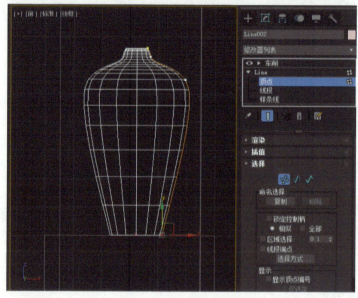

图 5-2-2　顶点状态

（3）展平贴图坐标。选择花瓶模型并将其转换为可编辑多边形，在修改面板下为它添加一个 UVW 展开修改器。打开"编辑 UVW"窗口，在 UVW 修改器的多边形级别，框选所有的面并移出第一象限。在透视图中选择花瓶底面，在修改面板中选择平面投影，底面 UV 被平铺到第一象限（把它移出第一象限）。在透视图中选择垂直于 x 轴的所有面，在修改面板中选择柱形投影，并单击【适配】按钮，瓶身的 UV 被展平在第一象限（把它移出第一象限）。框选剩下的没有展平的面，再执行一次平面投影，瓶身向上的面以环形的状态被展平在第一象限，把展平的面进行调整，花瓶的贴图坐标展开最终效果如图 5-2-3 所示。

图 5-2-3　花瓶的贴图坐标展平最终效果

接下来就是渲染输出 UV 贴图模板以及制作贴图。与展台的制作方法一样，请读者自己动手制作。

友情提示：在执行完平面投影和柱形投影后，要及时再次单击【投影】按钮退出投影操作，否则无法对"编辑 UVW"窗口中的对象进行操作。

（4）设置灯光。为该场景添加一盏目标聚光灯作为主光，再添加两盏泛光灯作为辅光，并调低泛光灯的强度。灯光的摆放位置如图 5-2-4 所示。

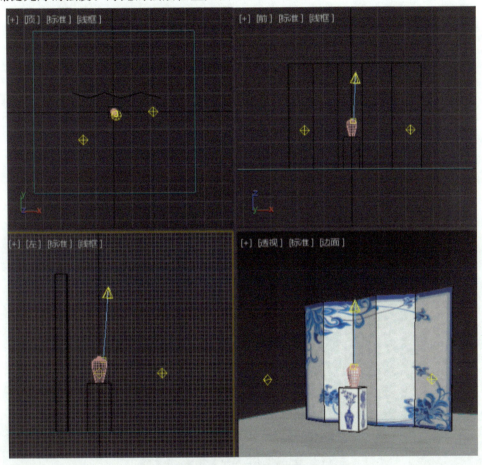

图 5-2-4　灯光的位置

任务三　场景的整理及渲染

任务目标

通过对场景的整理及渲染，掌握渲染操作的高级参数设置。

知识链接

（1）灯光的创建及参数调整。
（2）摄影机的创建及参数调整。
（3）渲染设置。

技能训练

具体操作步骤如下：

（1）渲染设置。按下键盘上的 F10 键，调出渲染对话框。在【输出大小】中选择【自定义】选项，根据整个场景的布局情况设置宽度为 1200，高度为 800，渲染参数设置如图 5-3-1 所示。

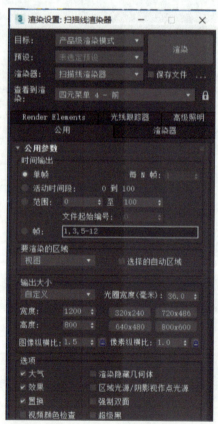

图 5-3-1　渲染设置

（2）保存渲染图。渲染设置完成后，点击【渲染】按钮，完成渲染。最终渲染效果如图 5-3-2 所示。

在渲染帧窗口中点击【保存】按钮，调出保存图像对话框，输入保存路径、文件名称、保存类型，并点击【保存】按钮，即可完成渲染图的保存。保存图像窗口如图 5-3-3 所示。

图 5-3-2　最终渲染效果

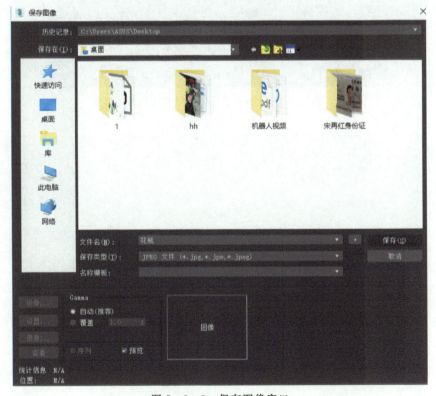

图 5-3-3　保存图像窗口

项 目 小 结

通过本项目的制作，我们掌握了简单模型的展平 UV 方法，以及制作简单贴图的方法。梳理了三维建模的全过程。

拓 展 练 习

利用本项目所掌握的知识技能试着制作如图 5-3-4 所示的场景模型。

图 5-3-4　展平贴图坐标场景拓展练习

项目六　老房子场景模型制作

项目分析

通过制作如图 6-1 所示的老房子模型，掌握多边形建模方法的灵活运用，并掌握多维/子对象材质的制作。

图 6-1　老房子

知识目标

（1）了解多边形建模方法的灵活运用。

（2）了解材质 ID 的分配。

（3）了解多维/子材质的运用。

（4）了解场景的渲染输出。

能力目标

（1）掌握多边形建模的综合方法。

（2）掌握材质 ID 的分配方法。

（3）掌握多维/子材质的应用方法。

任务一　老房子场景模型制作

任务目标

通过制作老房子模型，掌握多边形建模的灵活运用；熟悉对物体布线的控制。

知识链接

（1）多边形面的挤出和倒角。
（2）多边形边界的修改。
（3）多边形的切片平面。
（4）多边形中线、点的连接。
（5）多维/子材质的应用。

技能训练

具体操作步骤如下：

（1）在顶视图中创建一个立方体，参数设置如图 6-1-1 所示。

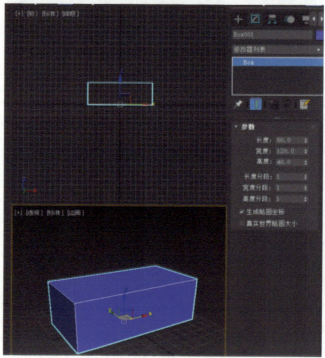

图 6-1-1　创建立方体

（2）将立方体转换为可编辑多边形，进入边级别，选择如图6-1-2所示的一条边，在修改面板下点击【环形】按钮，状态如图6-1-2所示。

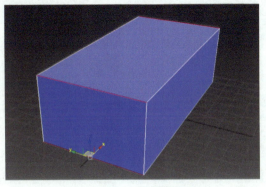

图6-1-2　选择环形边

（3）点击【连接】按钮，选用默认的参数，连接状态如图6-1-3所示。

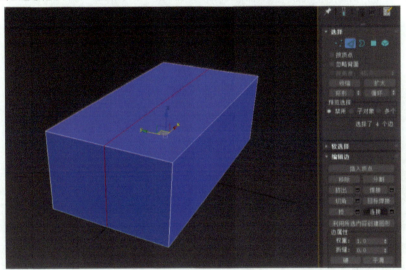

图6-1-3　边的连接

（4）在透视图中选择顶面上的一条边并沿z轴向上移动，移动状态如图6-1-4所示。

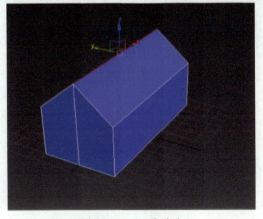

图6-1-4　移动边

（5）选择房顶的两个面进行挤出房顶厚度操作，参数设置如图6-1-5所示。

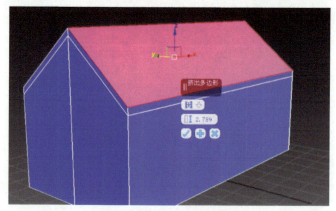

图6-1-5　挤出房顶厚度

（6）挤出屋檐和屋山的厚度，具体状态如图6-1-6所示。

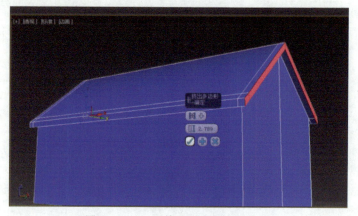

图6-1-6　屋檐和屋山厚度的挤出

（7）选择房体的面，在修改面板下选择切片平面按钮，用移动工具将其沿z轴移动至合适位置。具体应用状态如图6-1-7所示。

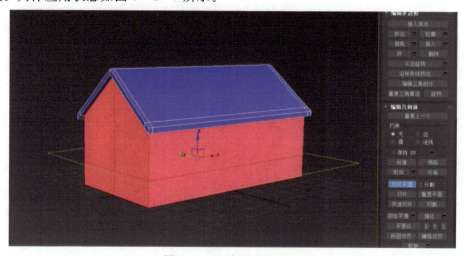

图6-1-7　切片平面应用

（8）进入边级别，框选如图6-1-8所示的所有边。

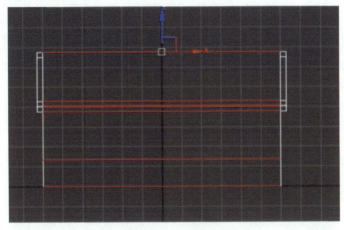

图6-1-8　选择边

（9）调出连接设置并修改连接参数，具体状态如图6-1-9所示。

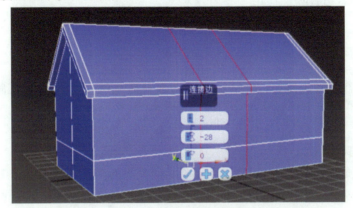

图6-1-9　连接参数设置

（10）选择如图6-1-10所示的面并删除，完成房子模型的制作。

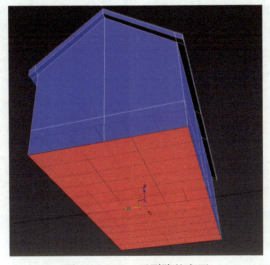

图6-1-10　要删除的底面

任务二　老房子模型材质制作

任务目标

通过老房子模型材质的制作，掌握材质 ID 的分配方法；熟悉多维/子对象材质的应用。

知识链接

（1）材质 ID 的分配。
（2）多维/子对象材质的应用。

技能训练

老房子材质制作的思路为：利用多维/子对象材质来制作老房子。多维/子对象材质的特点是，通过划分材质 ID，给不同的材质 ID 添加不同类型的材质或贴图，完成对象材质的制作。

具体操作步骤如下：

（1）分配材质 ID。分配材质 ID 之前要将相同材质的面设置成同一个 ID。进入多边形面级别，框选老房子模型所有的面，如图 6-2-1 所示。修改面板下，在多边形材质 ID 卷展栏下设置 ID 的文本框中输入 1，并按回车键确定。这样把所有面的材质 ID 均暂设为 1，之后再设置时就避免了混乱。

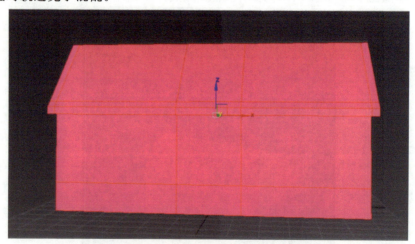

图 6-2-1　选择房子所有的面

选择如图 6-2-2 所示的面，把材质 ID 设置为 2。

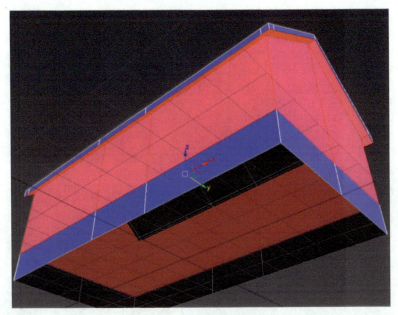

图 6-2-2　设置材质 ID2

选择如图 6-2-3 所示的面，把材质 ID 设置为 3。

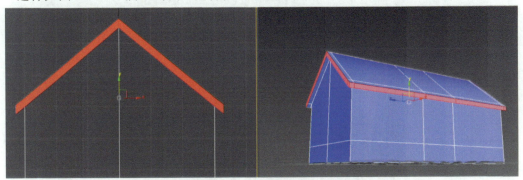

图 6-2-3　设置材质 ID3

选择如图 6-2-4 所示的面，把材质 ID 设置为 4。

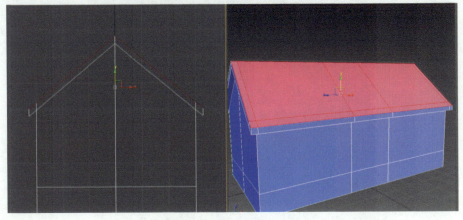

图 6-2-4　设置材质 ID4

（2）制作多维/子对象材质。打开材质编辑器，选择一个材质球指定给房子模型。在材质编辑器窗口中把材质类型设置为"多维/子对象"，其状态如图6-2-5所示。

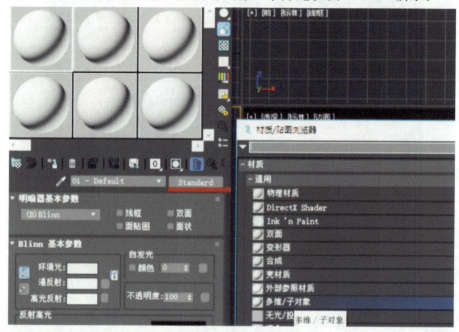

图6-2-5　设置材质类型

点击【确定】按钮后，在弹出的对话框中选择"丢弃旧材质"，然后单击【确定】按钮，材质编辑器的状态如图6-2-6所示。

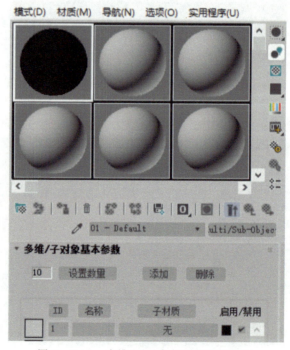

图6-2-6　多维/子对象材质的初始状态

点击 ID1 后面的【材质贴图】按钮，添加一个标准材质，添加状态如图 6－2－7 所示。

图 6－2－7　为 ID1 添加标准材质

在标准材质的漫反射通道里添加一个单色，ID1 的色彩设置如图 6－2－8 所示。

图 6－2－8　ID1 的色彩设置

为 ID2 添加一个标准材质，修改漫反射通道颜色，ID2 的色彩设置如图 6－2－9 所示。

图 6-2-9 ID2 的色彩设置

用同样的方法设置 ID3，色彩参数如图 6-2-10 所示。

图 6-2-10 ID3 的色彩设置

　　为 ID4 添加一个标准材质,在漫反射通道中添加位图,选择一个旧木片材质贴图(这个贴图需要提前准备好)。其状态如图 6 - 2 - 11 所示。

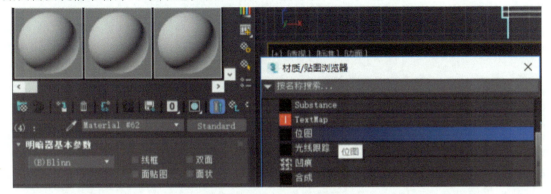

图 6 - 2 - 11　设置位图贴图

　　拉近视图观察贴图,会发现屋顶的边缘是被拉伸的,屋顶贴图状态如图 6 - 2 - 12 所示。

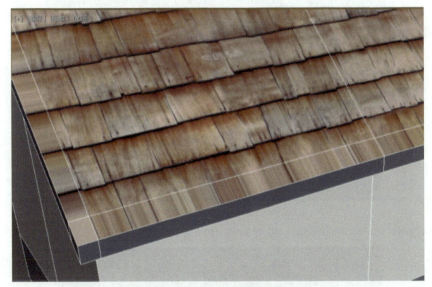

图 6 - 2 - 12　被拉伸的屋顶贴图

　　在房子的多边形级别中,选择材质 ID4,其参数设置如图 6 - 2 - 13 所示。

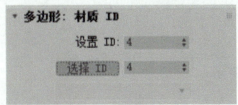

图 6 - 2 - 13　选择材质 ID4

　　在修改器列表中添加一个 UVW 贴图修改器,参数使用默认设置,屋顶状态如图 6 - 2 - 14所示。

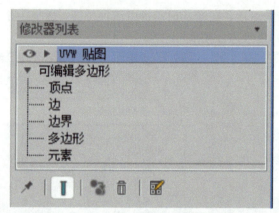

图 6-2-14　添加 UVW 贴图修改器

观察屋顶发现贴图拉伸的问题已经解决。调整完成的屋顶贴图如图 6-2-15 所示。

图 6-2-15　调整完成的屋顶贴图

选择如图 6-2-16 所示的面,设置材质 ID5 制作门的贴图。

图 6-2-16　设置材质 ID5 制作门的贴图

为 ID5 添加一个门的贴图，状态如图 6－2－17 所示。

完成房子材质的制作，如图 6－2－18 所示。

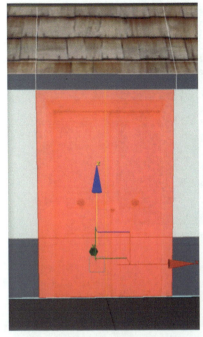

图 6－2－17　添加门的贴图

图 6－2－18　完成的房子材质的制作

但是这样制作的房子看起来太新了，这时需要找一些旧墙、旧砖的图片把白色和灰色的墙体材质替换掉。找好图片保存备用，在材质编辑器中找到 ID2，在它的漫反射贴图通道内添加位图。选择保存好的旧墙体图片，这时，墙面材质并没有正确显示，会出现拉伸现象。为了修正这个问题，选择房子模型进入多边形面级别，在修改面板下选择材质 ID2，为它添加一个 UVW 贴图修改器，参数设置选择立方体贴图方式，状态如图6－2－19所示。

图 6－2－19　添加 UV 贴图修改器

用同样的方法对 ID1 的贴图进行设置并添加灯光，房子最终渲染效果如图 6－2－20 所示。

图 6-2-20　房子的最终渲染图

项目小结

通过本项目的制作，我们掌握了多维/子对象材质的使用方法，掌握了如何分配材质ID以及如何使用UVW贴图修改器校正贴图的显示效果。

拓展练习

根据本案例的制作思路试着制作如图6-2-21所示的场景模型。

图 6-2-21　多维/子对象材质场景拓展练习参考

项目七 水磨房场景模型制作

 项目分析

通过制作如图 7-1 所示的水磨房场景模型，讲解从原画设计稿分析制作场景的整体思路、多边形建模综合方法到展平贴图坐标及绘制贴图和渲染输出的整个过程。通过本项目的练习可以获得独立制作完整场景模型的能力。

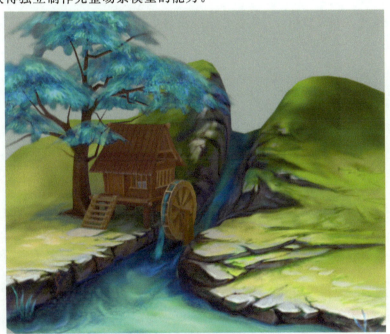

图 7-1 水磨房场景模型

 知识目标

（1）了解场景原画的分析。

（2）了解复杂模型的制作。

（3）了解展 UV 软件的应用。

（4）了解三维绘画软件的应用。

能力目标

(1) 培养场景分析的正确思路。

(2) 掌握复杂模型的制作方法。

(3) 掌握利用展 UV 软件展平贴图坐标的方法。

(4) 掌握在三维绘画软件中进行贴图绘制的方法。

任务一　水磨房场景模型的制作

任务目标

通过水磨房场景模型的制作，掌握复杂场景模型制作的整体思路；掌握多边形建模综合方法。

知识链接

(1) 场景设计稿的分析。"场景设计稿的分析"可参考"技能训练"中"场景分析"部分的内容。

(2) 磨房模型的制作。"磨房模型的制作"可参考"技能训练"中"制作磨房模型"部分的内容。

(3) 水车模型的制作。"水车模型的制作"可参考"技能训练"中"制作水车模型"部分的内容。

(4) 地面模型的制作。"地面模型的制作"可参考"技能训练"中"制作地面模型"部分的内容。

(5) 树木模型的制作。"树木模型的制作"可参考"技能训练"中"制作树木模型"部分的内容。

技能训练

从磨房场景分析到制作以及展平贴图坐标和材质绘制几个方面，一步步地将场景完善。

1) 场景分析

制作如图 7-1-1 所示的老磨房场景。

本任务要制作的是一个立轮水磨房，边上有小河沟，场景稍微有些复杂，可以把它分成几个部分来分步完成。在制作复杂场景的时候，一般先制作主体物，然后将主体做为参考来制作其他部分。这个场景中主体是房子，所以我们先制作房子，然后再制作水轮、地面、树以及房子里面的道具。

图 7 - 1 - 1　老磨房场景

2）制作磨房模型

制作磨房模型的具体步骤如下：

在制作一个比较复杂的场景时，可先设置一个统一的单位，这样便于在团队合作时场景、道具、角色的互用。新建场景，在自定义菜单下打开单位设置对话框，设置参数如图 7 - 1 - 2所示。

图 7 - 1 - 2　单位设置参数

　　设置好单位后按下 Ctrl＋S 组合键保存场景，在如图 7-1-3 所示的"文件另存为"对话框中输入文件名和保存位置，点击【确定】按钮。

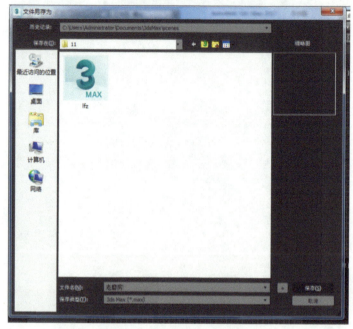

图 7-1-3　保存文件对话框

　　当把文件以"老磨房"的名字保存后，可以在 max 的标题栏中看到该文件名。

　　磨房是主体，所以先从磨房开始制作。在顶视图中创建一个立方体，参数设置如图 7-1-4所示。

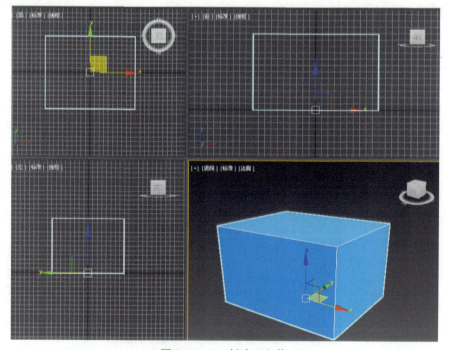

图 7-1-4　创建立方体

选定立方体，单击鼠标右键，在弹出的快捷菜单中编辑多边形，此时立方体的修改面板中参数变为可编辑多边形的参数。按下键盘上的数字4键进入多边形面级别。选择最上面的面并删除，状态如图7-1-5所示。

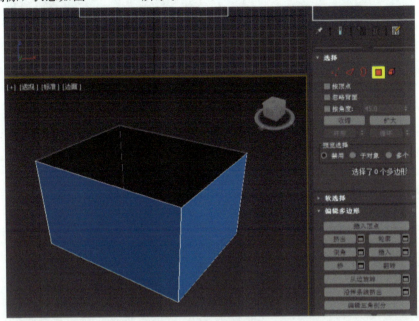

图7-1-5　删除顶部的面

按下键盘上的数字3键，进入轮廓级别，按下R键用"缩放并选择"工具选择刚删除的面的轮廓，状态如图7-1-6所示。

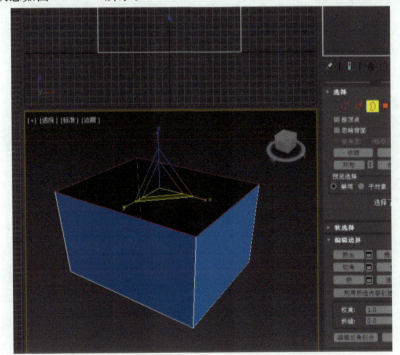

图7-1-6　选择轮廓

按下 Shift 键的同时，将面轮廓沿 xy 平面进行放大/缩放复制轮廓，状态如图 7 - 1 - 7 所示。

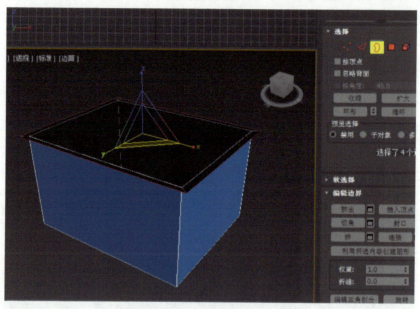

图 7 - 1 - 7 沿 xy 平面放大轮廓

按下 W 键转换为移动工具，再同时按下 Shift 键向上拖动，移动复制轮廓，状态如图 7 - 1 - 8所示。

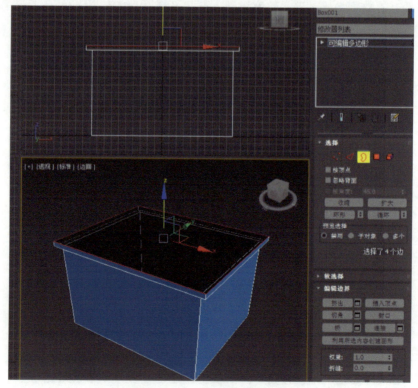

图 7 - 1 - 8 向上移动复制轮廓

继续缩小复制轮廓，状态如图 7-1-9 所示。

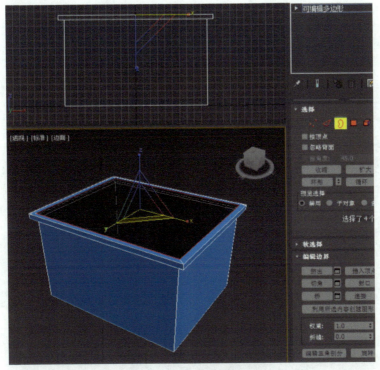

图 7-1-9　缩小复制轮廓

进入多边形面级别，框选如图 7-1-10 所示的面。

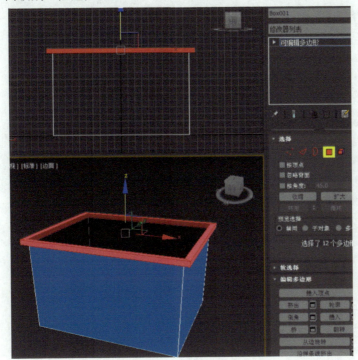

图 7-1-10　选择面

在修改面板下的编辑几何体卷展栏中找到【分离】选项，并单击弹出"分离"对话框，在【分离为】后面的文本框里输入"框架"，分离设置如图 7-1-11 所示。

图 7-1-11　分离设置

在修改面板中把名称修改为"墙体"，如图 7-1-12 所示。

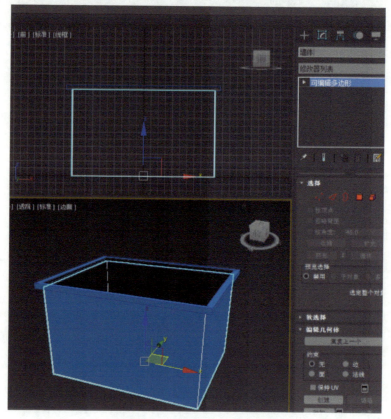

图 7-1-12　修改墙体名称

退出墙体模型，选择框架模型，按下键盘上的数字 2 键，选择如图 7-1-13 所示的边。

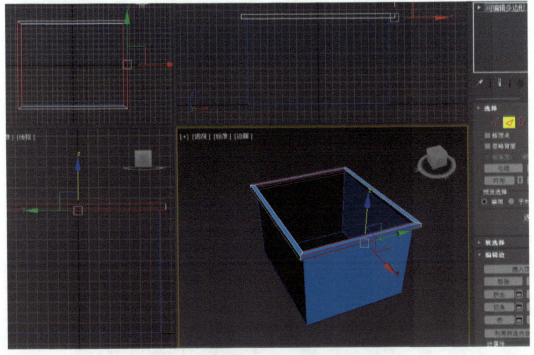

图 7-1-13 选择边

在修改面板下选择"连接"，参数设置如图 7-1-14 所示。

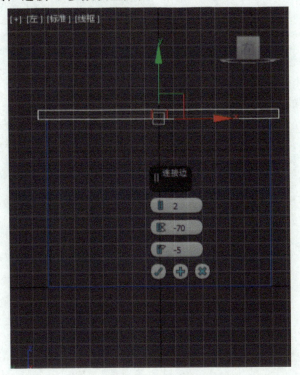

图 7-1-14 连接参数设置

选择如图 7 - 1 - 15 所示的面。在修改面板下选择"挤出"，状态及参数设置如图
7 - 1 - 16 所示。

图 7 - 1 - 15　选择面

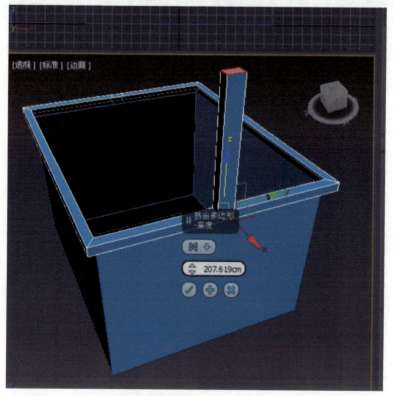

图 7 - 1 - 16　挤出参数设置

选择如图 7-1-17 所示的边，进行连接操作。参数设置如图 7-1-18 所示。

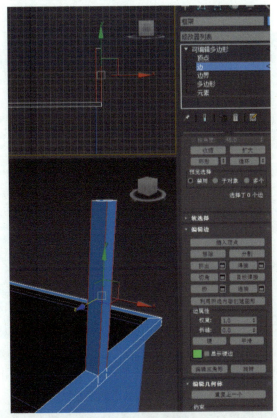

图 7-1-17　选择边

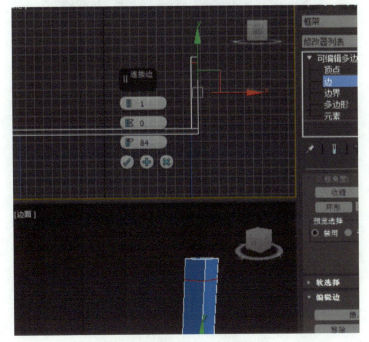

图 7-1-18　连接边的参数设置

选择如图 7 - 1 - 19 所示的两条边，进行连接操作。参数设置如图 7 - 1 - 20 所示。

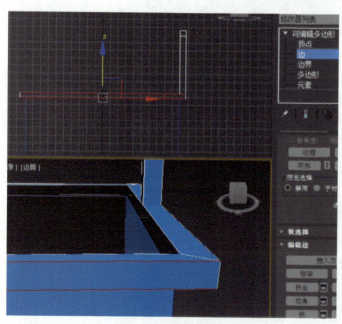 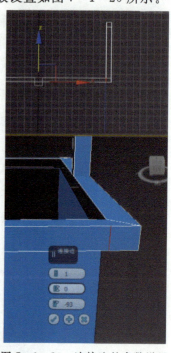

图 7 - 1 - 19　选择边　　　　　　　　　　　图 7 - 1 - 20　连接边的参数设置

进入点级别，选择如图 7 - 1 - 21 所示的两个点，按下 Ctrl＋Shift＋E 组合键将这两个点进行连接。将另一面的两个点也用同样的方法进行连接。

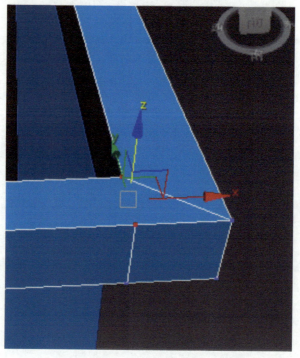

图 7 - 1 - 21　连接点

制作另一个面上的连线，状态如图 7-1-22 所示。

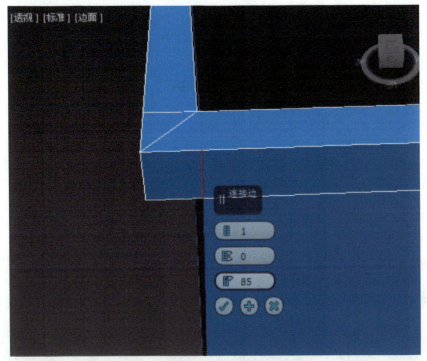

图 7-1-22　连接线的参数设置

把如图 7-1-23 所示的点进行连接。

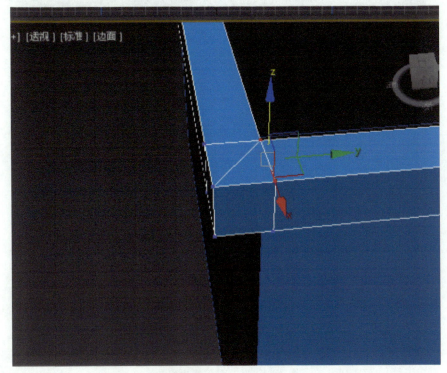

图 7-1-23　连接点

用同样的方法把背面的点也进行连接，状态如图 7-1-24 所示。

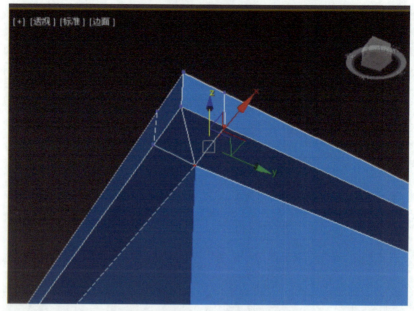

图 7-1-24　点连接完成状态

选择如图 7-1-25 所示的边进行删除。

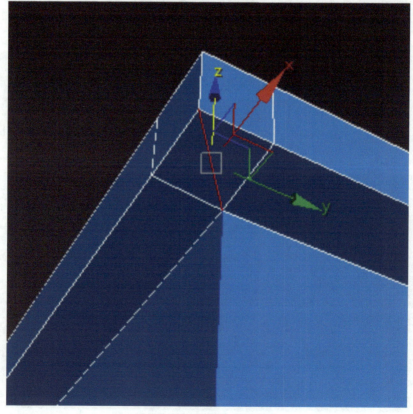

图 7-1-25　删除底面斜边

选择上面的斜边，也进行删除，如图 7 - 1 - 26 所示。

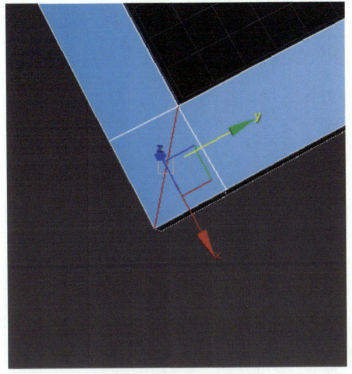

图 7 - 1 - 26 删除上面斜边

整理完成的拐角状态如图 7 - 1 - 27 所示。

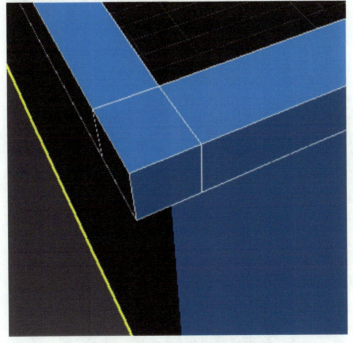

图 7 - 1 - 27 拐角布线整理完成状态

选择如图 7-1-28 所示的两个面。

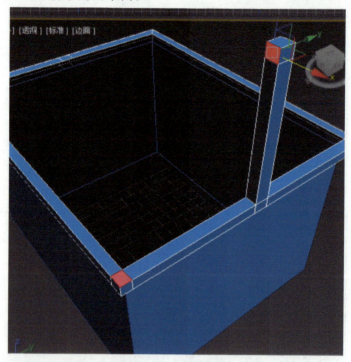

图 7-1-28　选择面

按下键盘上的 Delete 键进行删除，状态如图 7-1-29 所示。

图 7-1-29　删除面

进入轮廓级别，选择框架模型的下底面轮廓，如图7-1-30所示。

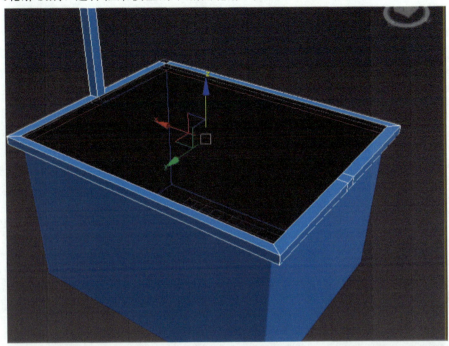

图7-1-30 选择轮廓

按下Shift键的同时沿z轴向上复制轮廓，状态如图7-1-31所示。

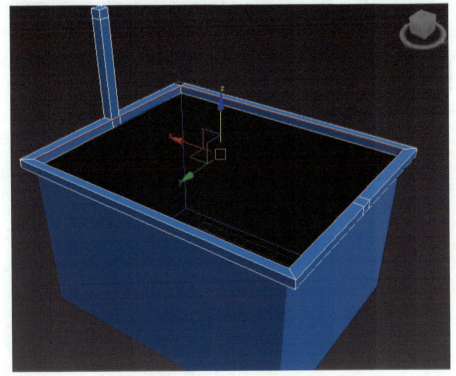

图7-1-31 向上移动复制轮廓

按下键盘上的数字 1 键，进入点级别，点击修改面板的编辑顶点卷展栏下的【目标焊接】按钮。目标焊接的操作方法为：在场景中先单击非目标点（如图 7－1－32 所示的红色点），再单击目标顶点，即可把非目标顶点焊接到目标顶点上。

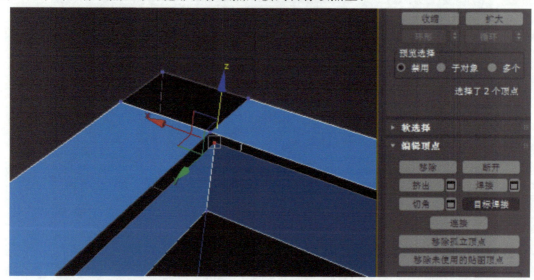

图 7－1－32　目标焊接顶点

把框架四个拐角上的顶点都进行焊接，让框架成为一个整体，顶点焊接完成的状态如图7－1－33所示。

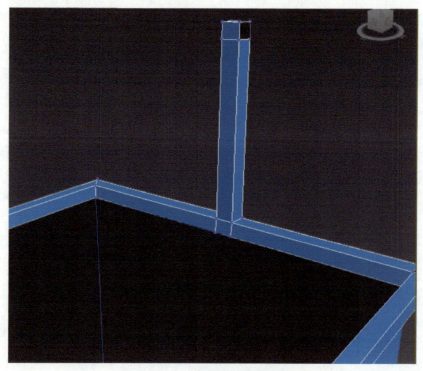

图 7－1－33　顶点焊接完成的状态

进入轮廓级别，选择如图 7-1-34 所示的轮廓。

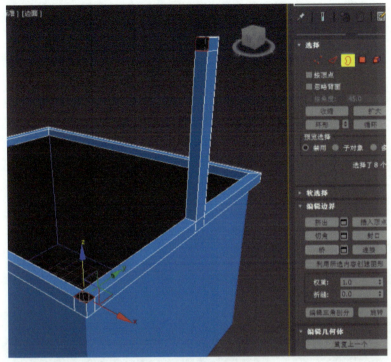

图 7-1-34　选择轮廓

在修改面板的编辑边界卷展栏下选择桥操作，状态如图 7-1-35 所示。

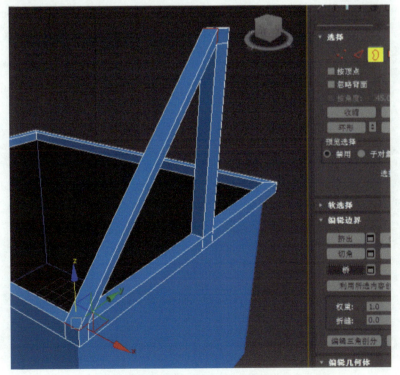

图 7-1-35　为轮廓进行桥操作

把另一面的轮廓也进行同样的操作，完成状态如图 7-1-36 所示。

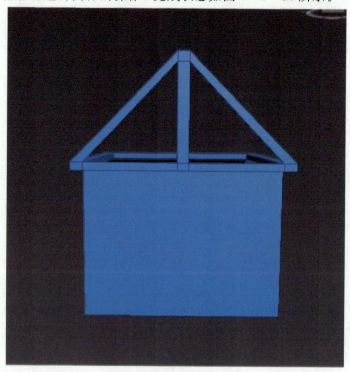

图 7-1-36　桥完成状态

进入边级别，框选如图 7-1-37 所示的边。

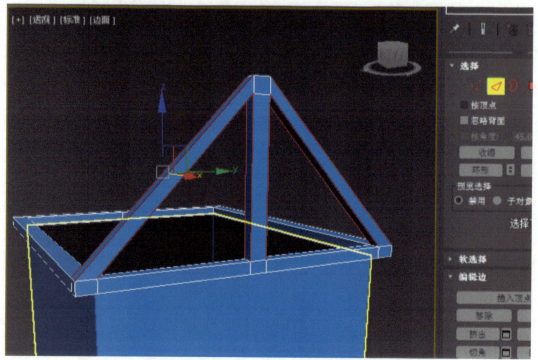

图 7-1-37　选择边

对选择的边进行连接操作，参数设置如图7－1－38所示。

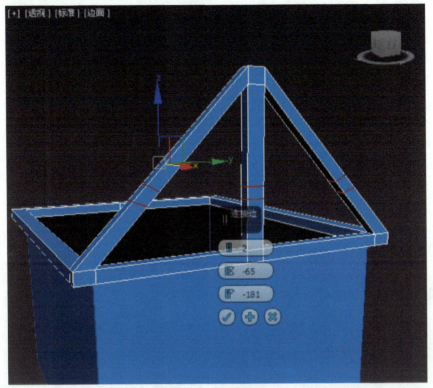

图7－1－38　连接参数设置

进入面级别，删除刚连接出来的两个相对的小面，进入轮廓级别后，选择两个轮廓进行桥操作，状态如图7－1－39所示。

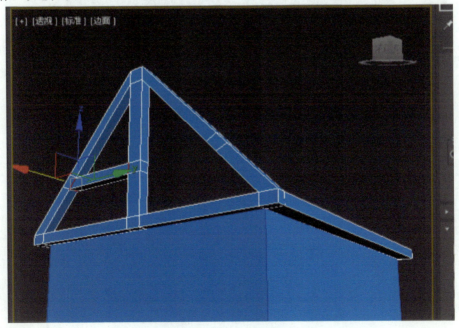

图7－1－39　桥接轮廓

选择如图 7-1-40 所示的另外两个相对小面，进行删除，状态如图 7-1-41 所示。

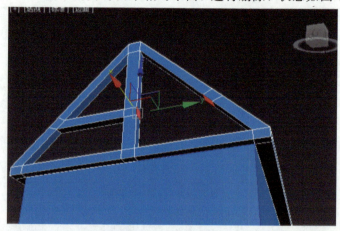

图 7-1-40　选择面

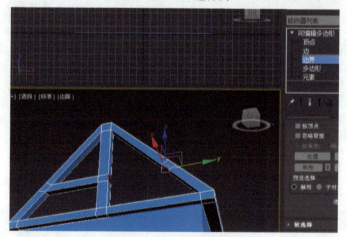

图 7-1-41　删除面

对删除面后的轮廓进行桥操作，完成状态如图 7-1-42 所示。

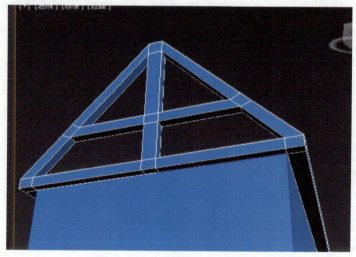

图 7-1-42　框架山墙完成状态

进入边级别，框选如图 7-1-43 所示的边。

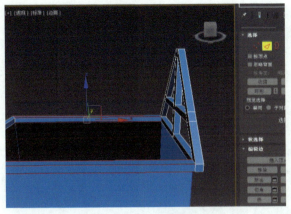

图 7-1-43　选择边

对选择的边进行连接操作，参数设置如图 7-1-44 所示。

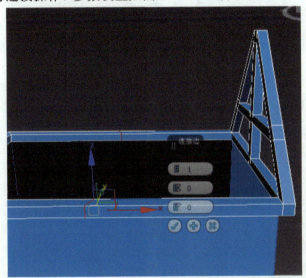

图 7-1-44　连接边参数

进入面级别选择如图 7-1-45 所示的面。

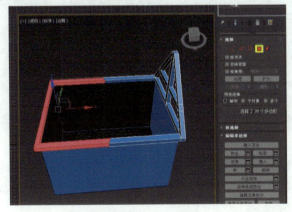

图 7-1-45　选择面

删除选择的面，状态如图 7-1-46 所示。

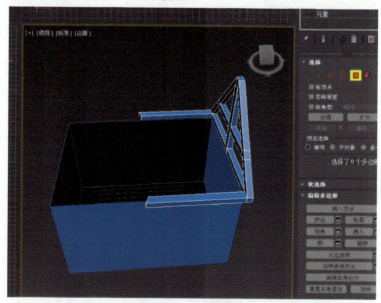

图 7-1-46　删除面

删除面后，退出子级别（取消面的选择），在框架物体修改面板中的修改器列表中，找到对称修改器，点击【添加】按钮，状态如图 7-1-47 所示。

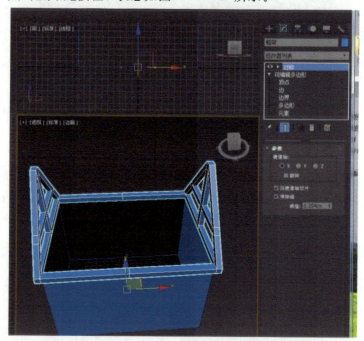

图 7-1-47　添加对称修改器

在修改堆栈下选择"可编辑多边形"层级，默认状态下，场景下看不到刚才制作的对称效果，单击工具栏中【显示最终结果开/关切换】按钮，就能在场景显示修改器的最终结果。其位置如图 7-1-48 所示。

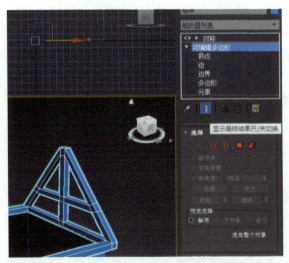

图7-1-48　显示最终结果显示开关

进入可编辑多边形面级别选择如图7-1-49所示的面。

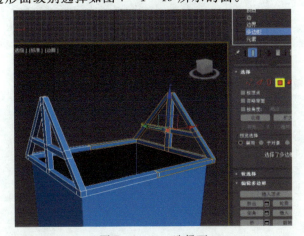

图7-1-49　选择面

对选择的面进行挤出操作，参数设置如图7-1-50所示。

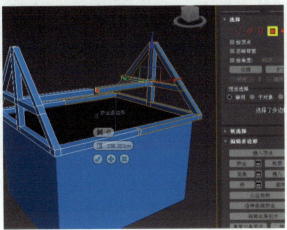

图7-1-50　挤出面参数设置

挤出完成后直接删除挤出的面，进入顶点级别，调整中间的顶点，状态如图 7－1－51 所示。

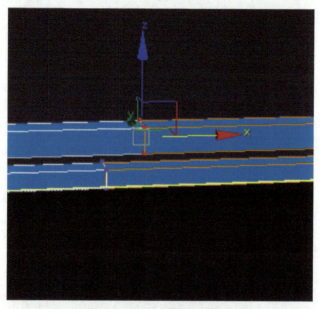

图 7－1－51　调整挤出的点

在顶视图中，继续调整框架的顶点，如图 7－1－52 所示。

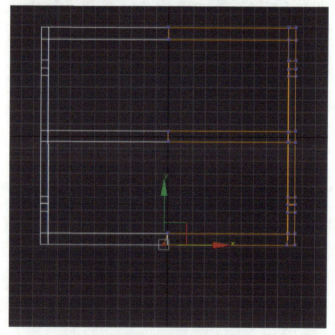

图 7－1－52　调整框架的顶点

在默认状态下，对称修改器中间的点只要在一定距离内都会自动焊接，所以，为了节约焊接时间，应把顶点调整到中间的位置。框架模型顶点调整完成的状态，如图 7－1－53 所示。

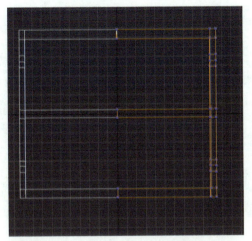

图 7-1-53 框架模型顶点调整完成

选择山头顶面进行挤出操作，状态如图 7-1-54 所示。

图 7-1-54 挤出面

选择如图 7-1-55 所示的面。对选择的面进行挤出操作，状态如图 7-1-56 所示。

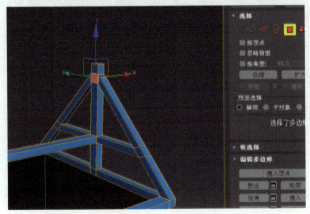

图 7-1-55 选择面

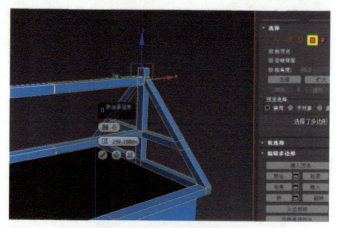

图 7-1-56　挤出面状态

为了使屋顶看起来更挺拔一些，可选择山头的顶点向上移动，状态如图 7-1-57 所示。

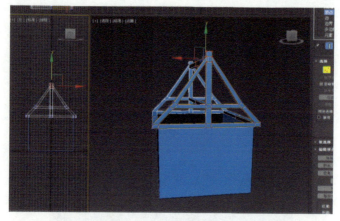

图 7-1-57　移动顶点

选择如图 7-1-58 所示的线，对其进行连接操作，参数设置如图 7-1-59 所示。

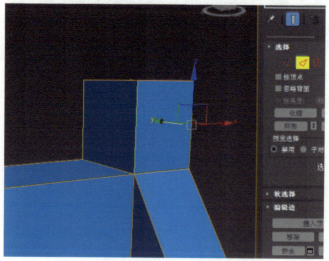

图 7-1-58　选择线

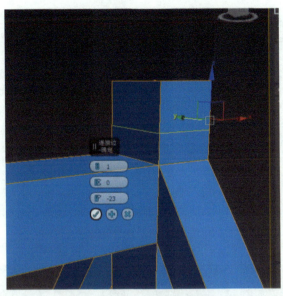

图 7 - 1 - 59 连接线参数设置

选择如图 7 - 1 - 60 所示的面，对其进行删除操作。

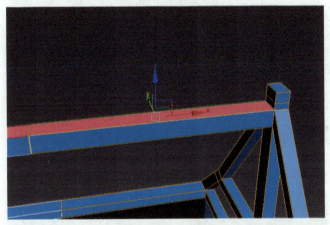

图 7 - 1 - 60 选择面

选择如图 7 - 1 - 61 所示的面，对其进行挤出操作，参数设置如图 7 - 1 - 62 所示。

图 7 - 1 - 61 选择面

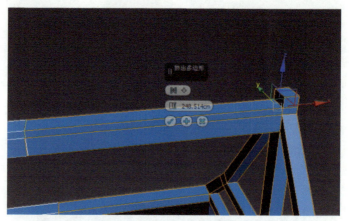

图 7-1-62　挤出面

选择如图 7-1-63 所示的面，对其进行倒角操作，完成状态如图 7-1-64 所示。

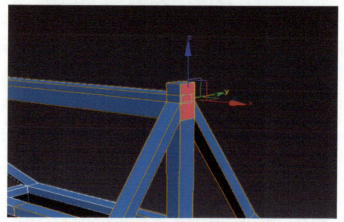

图 7-1-63　选择面

继续进行倒角操作，完成状态如图 7-1-64 所示。

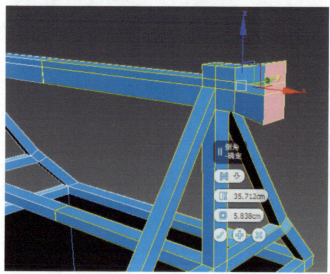

图 7-1-64　倒角面完成状态

选择如图 7-1-65 所示的面,对其进行挤出操作,状态如图 7-1-66 所示。

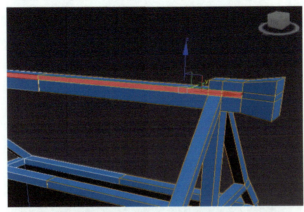

图 7-1-65 选择面

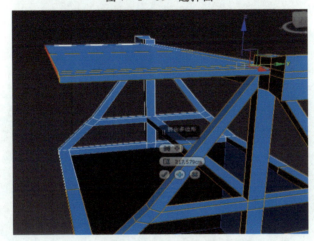

图 7-1-66 挤出面

在左视图中,将面沿 y 轴向下移动到合适的位置,状态如图 7-1-67 所示。

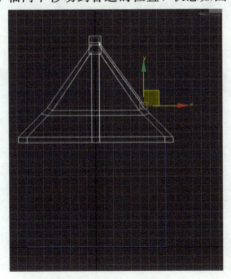

图 7-1-67 移动面

用旋转工具对刚刚移动的面进行合适角度的旋转，完成状态如图 7 - 1 - 68 所示。

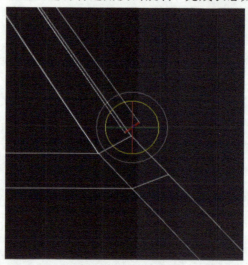

图 7 - 1 - 68　旋转面

继续挤出操作，状态如图 7 - 1 - 69 所示。

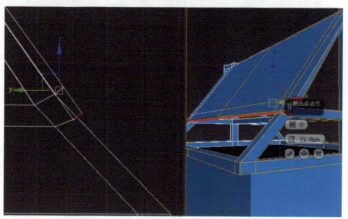

图 7 - 1 - 69　挤出面

在左视图中把挤出的面进行移动调整，状态如图 7 - 1 - 70 所示。

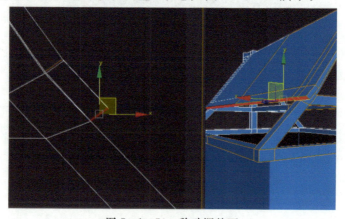

图 7 - 1 - 70　移动调整面

接下来再进行旋转调整，状态如图 7-1-71 所示。

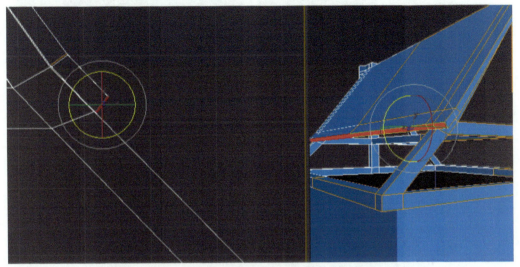

图 7-1-71 旋转调整面

调整完成后继续进行挤出操作，状态如图 7-1-72 所示。

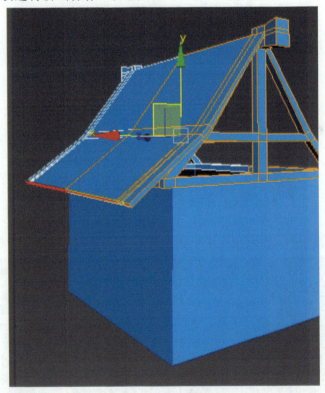

图 7-1-72 挤出面

挤出面完成后，用前面的方法，再在左视中进行移动和旋转调整，使整个顶面符合框的结构。然后选择如图 7-1-73 所示的线，点击修改面板中选择卷展栏下的【环形】按钮，则所有和选择线平行的线都会被选择，状态如图 7-1-74 所示。

图 7 - 1 - 73　选择线　　　　　　　图 7 - 1 - 74　环形选择

对选择的环形线进行连接操作，参数设置如图 7 - 1 - 75 所示。

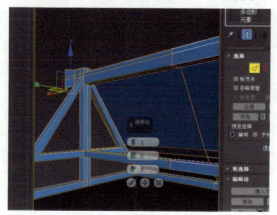

图 7 - 1 - 75　连接环形线

进入多边形的面级别，在左视图中框选如图 7 - 1 - 76 所示的面。

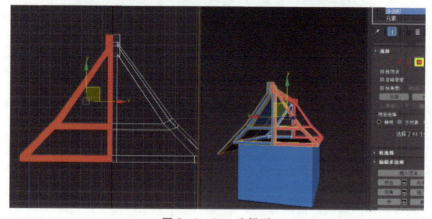

图 7 - 1 - 76　选择面

删除选择的面，状态如图 7 - 1 - 77 所示。

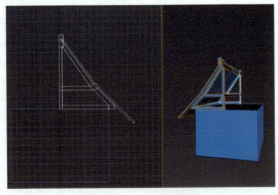

图 7 - 1 - 77　删除面

退出子级别，进入物体级别（在添加修改器前一定要退出子级别，否则添加的修改器不对物体起作用）。把对称的框架转换为可编辑多边形（即塌陷对称对象）。

给塌陷过的框架模型添加一个对称修改器，修改对称轴为 y 轴，勾选"翻转"选项，如图 7 - 1 - 78 所示。

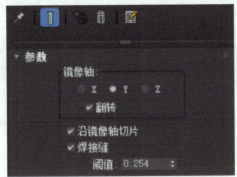

图 7 - 1 - 78　对称修改参数

进入多边形的顶点级别，打开显示最终结果开关。

用目标焊接工具对顶点进行焊接，状态如图 7 - 1 - 79 所示。

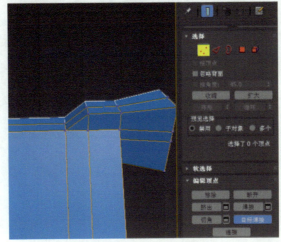

图 7 - 1 - 79　目标焊接顶点

用移动工具调整顶点,完成状态如图 7-1-80 所示。

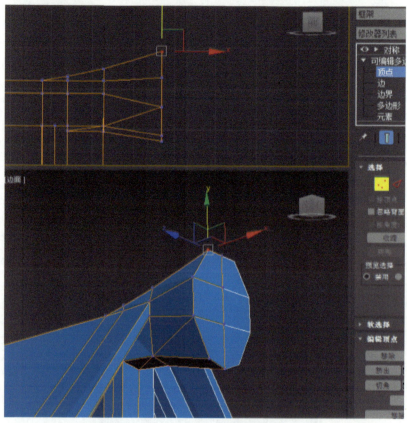

图 7-1-80　调整顶点

进入多边形的面级别,选择如图 7-1-81 所示的面。

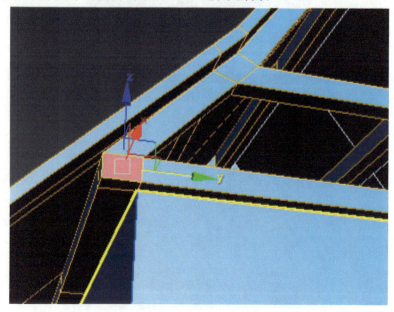

图 7-1-81　选择面

对选择的面进行倒角操作，参数设置如图 7-1-82 所示。

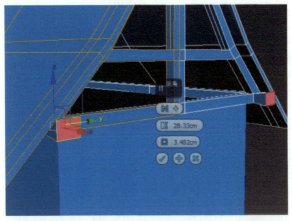

图 7-1-82　倒角参数

进入线级别，用环形选择的方式选择如图 7-1-83 所示的线。

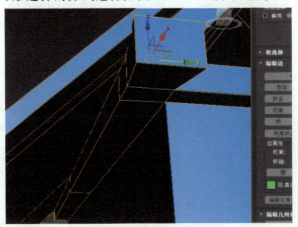

图 7-1-83　选择环形线

对选择的环形进行连接操作。

利用移动工具对如图 7-1-84 所示的线进行调整，使下底面圆润起来。

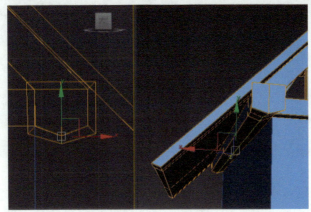

图 7-1-84　调整线

　　线调整完成后，把对称修改作塌陷处理，也就是选择模型，右击鼠标转换为可编辑多边形，进入多边形的面级别，选择没有修改的那一半面，状态如图 7－1－85 所示。

图 7－1－85　选择未调整的面

　　删除选择的面，退出子级别，为模型添加对称修改器，对称轴为 x 轴，状态如图 7－1－86所示。

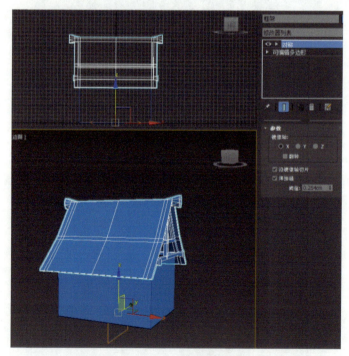

图 7－1－86　对称参数设置

　　至此，框架模型已基本完成，如图 7－1－87 所示，观察发现该模型有些呆板，为了让模型更生动一点，我们可以用 FFD 修改器对模型做一些整体的调整，为模型添加一个 FFD 3×3×3修改器。

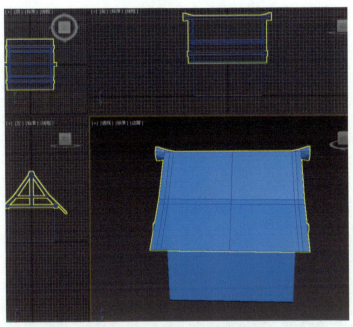

图 7-1-87 初步完成的框架模型

进入修改器的控制点级别，对控制点进行缩放操作，状态如图 7-1-88 所示。

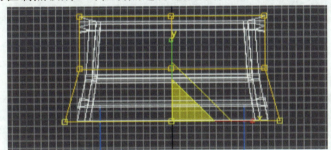

图 7-1-88 调整控制点

调整完成的框架模型状态如图 7-1-89 所示。

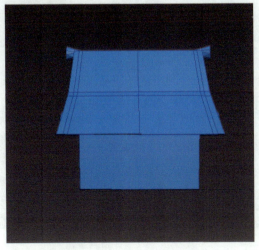

图 7-1-89 完成的框架模型

选择墙体模型，进入多边形的面级别，选择下底面。

对选择的面进行倒角操作，参数设置如图 7 - 1 - 90 所示。

图 7 - 1 - 90　倒角面

把倒角出来的面沿 y 轴进行放大。选择移动工具，将其沿 y 轴方向左稍做移动，状态如图 7 - 1 - 91 所示。

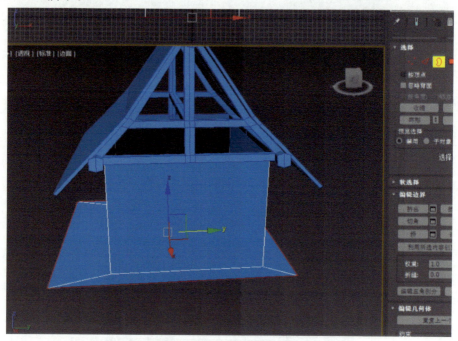

图 7 - 1 - 91　移动调整面

删除底面，进入轮廓级别，按下 Shift 键向下复制轮廓，状态如图 7-1-92 所示。

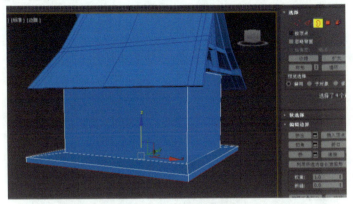

图 7-1-92　复制轮廓

如果需要，我们可以执行封口命令，则轮廓会被封口。选择已制作的面，如图 7-1-93所示，把选择的面进行分离，选择墙体的一个侧面，如图 7-1-94 所示。

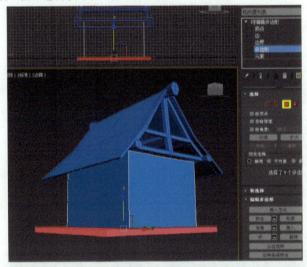

图 7-1-93　选择面

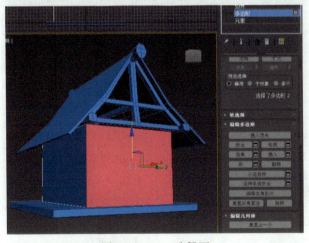

图 7-1-94　选择面

将选择的面进行倒角操作，参数设置如图 7-1-95 所示。

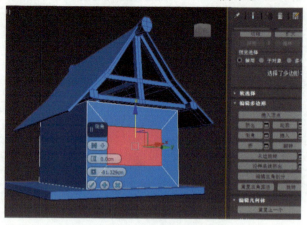

图 7-1-95　倒角参数设置

继续倒角，参数设置如图 7-1-96 所示。

图 7-1-96　倒角面

选择如图 7-1-97 所示的面进行挤出操作。

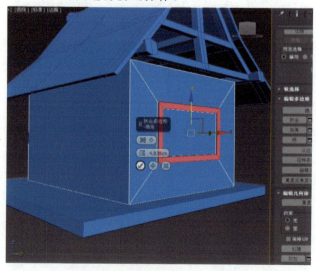

图 7-1-97　选择面并挤出

进入边级别，选择如图 7 - 1 - 98 所示的边。

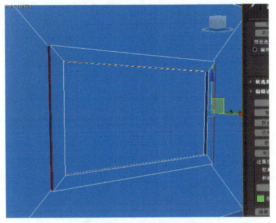

图 7 - 1 - 98　选择边

对选择的边进行连接操作，状态如图 7 - 1 - 99 所示。

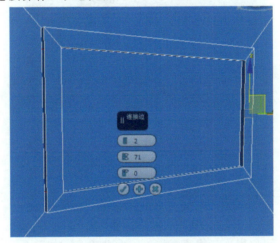

图 7 - 1 - 99　连接边

对连接边后产生的点进行连接操作。其方法是，选择两个要连接的顶点，按下 Ctrl＋Shift＋E 组合键，两个点即会自动连接，连接完成的状态如图 7 - 1 - 100 所示。

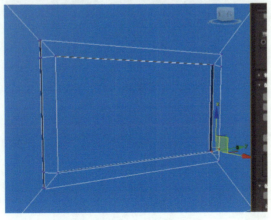

图 7 - 1 - 100　连接顶点

选择如图 7-1-101 所示的面。对选择的面进行挤出操作，状态如图 7-1-102 所示。

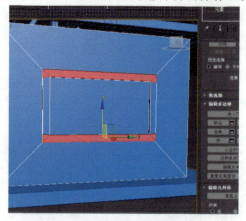

图 7-1-101　选择面

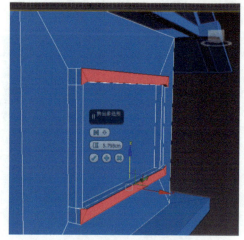

图 7-1-102　挤出面

选择侧边的面进行倒角操作，状态如图 7-1-103 所示。

图 7-1-103　倒角面

进入顶点级别，进一步调整刚做出的结构，状态如图 7－1－104 所示。

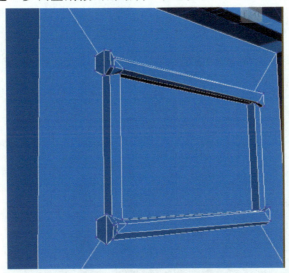

图 7－1－104 调整顶点

选择如图 7－1－105 所示的线，对选择的线进行连接操作，状态如图 7－1－106 所示。

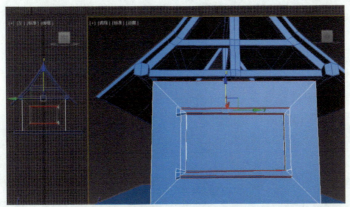

图 7－1－105 选择环形线

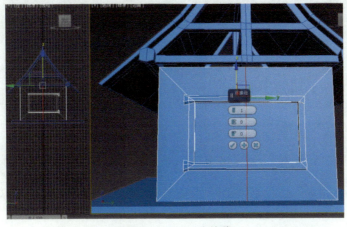

图 7－1－106 连接线

进入多边形面的级别,框选如图 7-1-107 所示的面。

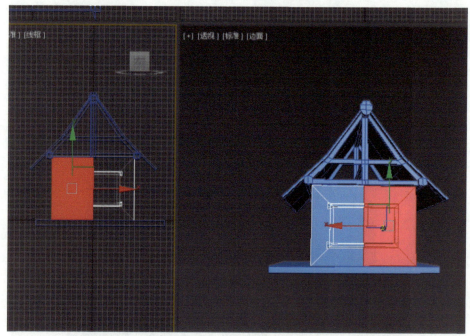

图 7-1-107 选择面

把选择的面进行删除操作,然后为墙体模型添一个对称修改器。选择墙体模型,单击鼠标右键,在弹出的快捷菜单中选择【孤立当前选择】。塌陷模型,进入边级别,选择相对的两面墙体的边,执行连接操作,参数设置如图 7-1-108 所示。

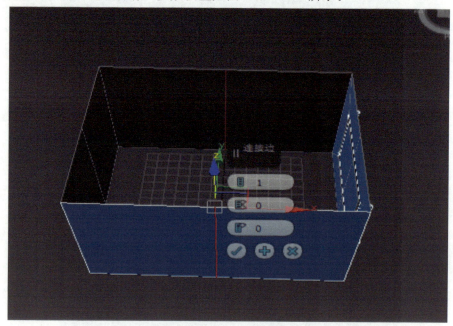

图 7-1-108 连接边

选择如图 7-1-109 所示的面进行删除操作。

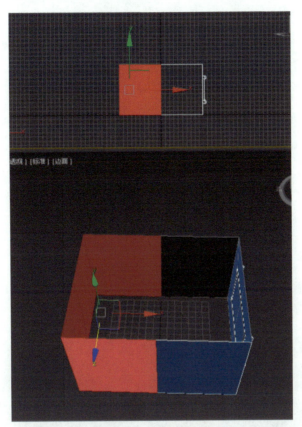

图 7-1-109　选择面

退出面级别，再次为墙体模型添加对称修改器，状态如图 7-1-110 所示。

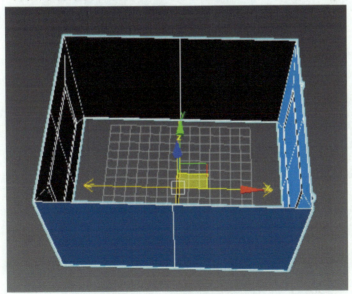

图 7-1-110　添加对称修改器

单击鼠标右键，选择【结束隔离】，选择要制作的门的面，如图 7-1-111 所示。对选择的面进行倒角操作，参数设置如图 7-1-112 所示。

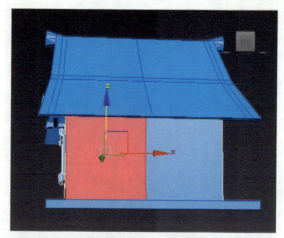

图 7 - 1 - 111　选择面

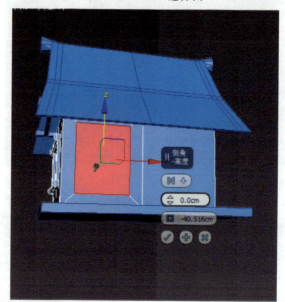

图 7 - 1 - 112　倒角面

选择如图 7 - 1 - 113 所示的面进行删除操作。

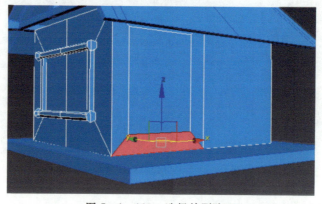

图 7 - 1 - 113　选择并删除面

把门板的面向下移动，状态如图 7 - 1 - 114 所示。

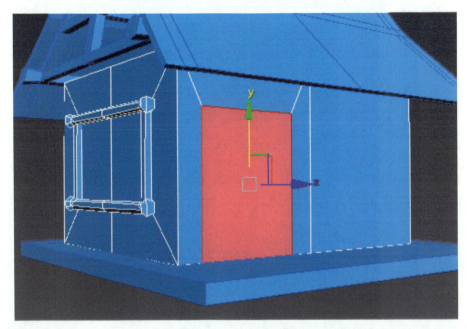

图 7 - 1 - 114　移动面

删除作为门板的面，选择如图 7 - 1 - 115 所示的边，把选择的三条边沿 y 轴向外移动并复制边制作门框的厚度。再选择上方的一条边，沿 z 轴向下移动复制，状态如图 7 - 1 - 116 所示。

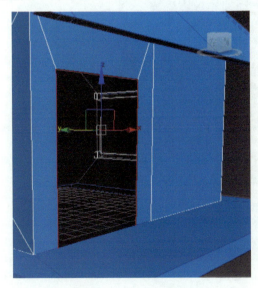

图 7 - 1 - 115　选择边

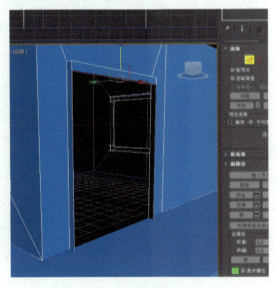

图 7 - 1 - 116　移动复制边

选择如图 7 - 1 - 117 所示的边，进行连接操作，参数设置如图 7 - 1 - 118 所示。

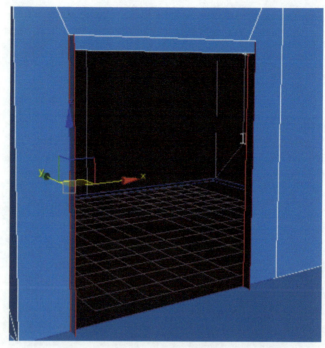

图 7 - 1 - 117　选择边

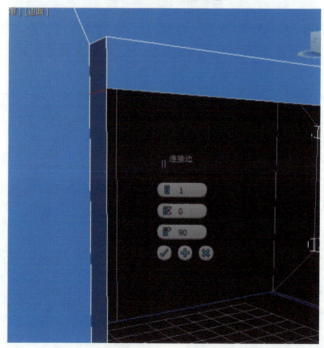

图 7 - 1 - 118　连接边

　　选择图 7 - 1 - 119 所示的边也进行连接操作，选中门上方两边的小短边，向下复制出门框的宽度。框选图 7 - 1 - 120 所示的顶点，进行焊接操作。把没缝合在一起的点焊接起来，使模型更规范。

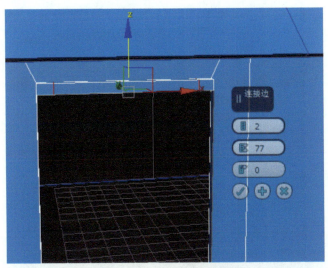

图 7-1-119　连接参数设置

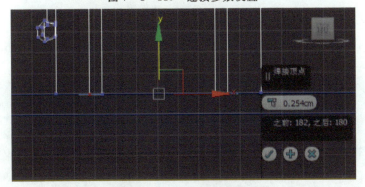

图 7-1-120　焊接顶点

选择门周围的三条边并复制，如图 7-1-121 所示。

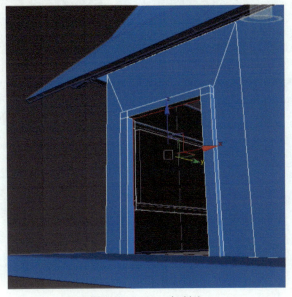

图 7-1-121　复制边

选择门头上面的面,进行挤出操作,状态如图 7-1-122 所示。

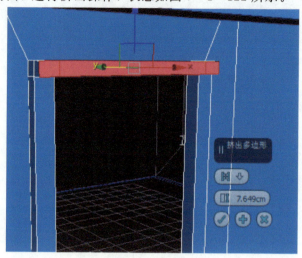

图 7-1-122　挤出面

选择缩放工具,沿 z 轴缩小所选择的面,状态如图 7-1-123 所示。

选择门头两边的面,如图 7-1-124 所示。对选择的面进行倒角操作,状态如图 7-1-125所示。

图 7-1-123　缩小面

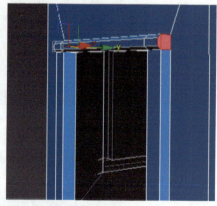

图 7-1-124　选择面

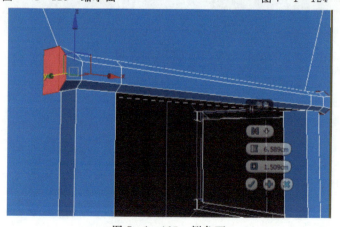

图 7-1-125　倒角面

进入顶点级别，对模型进行精细的调整，状态如图7-1-126所示。

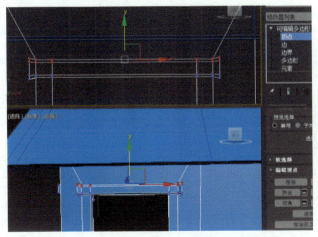

图7-1-126　调整顶点

门框完成的状态如图7-1-127所示。

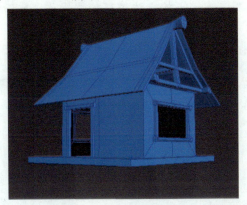

图7-1-127　完成状态

制作窗户。选择要制作窗户的面，进行倒角操作，状态如图7-1-128所示。

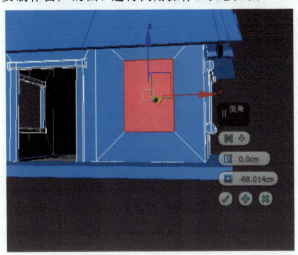

图7-1-128　倒角面

用缩放工具对倒角出来的面进行调整，缩放调整面如图 7-1-129 所示。

对调整好的面进行倒角操作，状态如图 7-1-130 所示。

 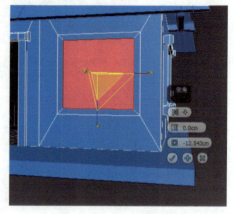

图 7-1-129　缩放调整面　　　　　　　　图 7-1-130　倒角面

选择窗户周围的面，进行挤出操作，状态如图 7-1-131 所示。

利用前面学过的连接线、连接点的方法进行加线操作，重新调整窗户拐角上的布线，状态如图 7-1-132 所示。

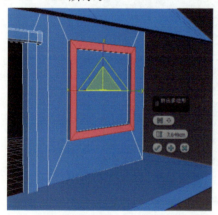 

图 7-1-131　挤出面　　　　　　　　图 7-1-132　加线

调整完成后，选择窗户上下框的面，进行挤出操作，状态如图 7-1-133 所示。

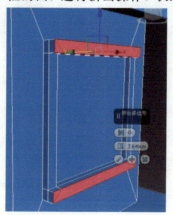

图 7-1-133　挤出面

分别调整两个面的宽度，状态如图 7 - 1 - 134 所示。

墙体模型初步完成后的状态如图 7 - 1 - 135 所示。

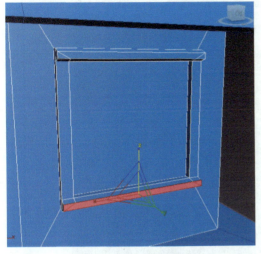

图 7 - 1 - 134　调整宽度

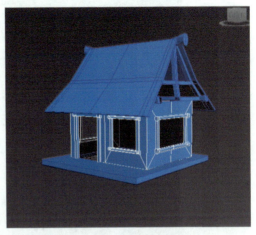

图 7 - 1 - 135　墙体模型初步完成

为了使墙体模型与框模型适配，我们再给墙体模型添加一个 FFD $4 \times 4 \times 4$ 修改器，状态如图 7 - 1 - 136 所示。

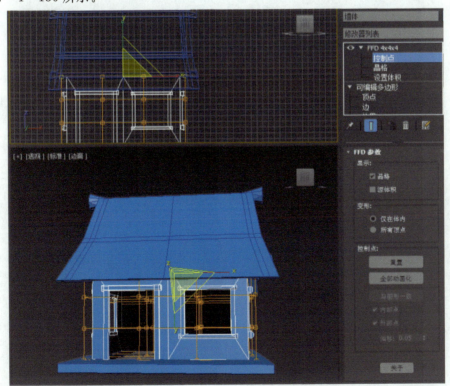

图 7 - 1 - 136　添加 FFD 修改器

进入控制点级别，对控制点进行调整，状态如图 7 - 1 - 137 所示。至此完成了墙体模型的制作。

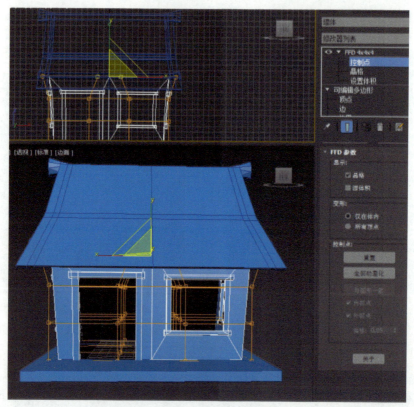

图7-1-137　调整控制点

选择底面模型，进入轮廓级别进行封口操作，状态如图7-1-138所示。

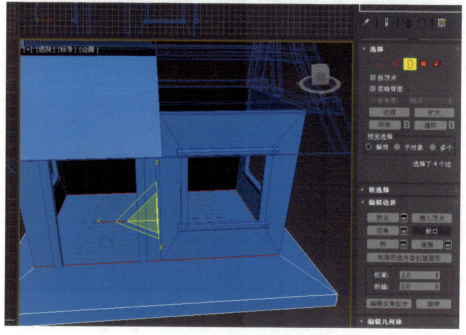

图7-1-138　封口轮廓

制作房子的支柱。在顶视图中制作一个立方体，位置状态如图 7-1-139 所示。

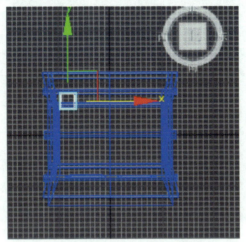

图 7-1-139 创建立方体

孤立立方体模型，转换为可编辑多边形，进入面的级别，选择顶面删除，状态如图
7-1-140 所示。

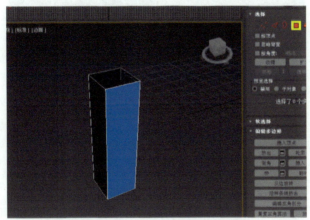

图 7-1-140 删除面

选择竖向上的四条线并进行连接操作，状态如图 7-1-141 所示。

图 7-1-141 连接线

参照场景状况复制出其他三根支柱，状态如图 7-1-142 所示。

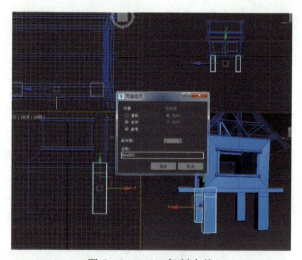

图 7 - 1 - 142　复制支柱

接着把四根支柱附加在一起，如图 7 - 1 - 143 所示。

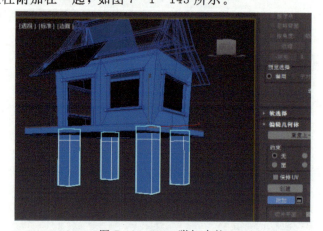

图 7 - 1 - 143　附加支柱

删除相对的两个面，进入轮廓级别。选择轮廓，进行桥操作，状态如图 7 - 1 - 144 所示。

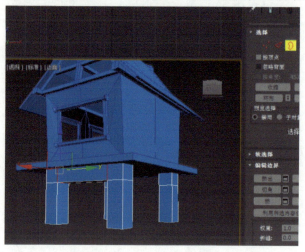

图 7 - 1 - 144　桥接轮廓

用同样的方法把四根支柱都桥接起来，状态如图 7－1－145 所示。

图 7－1－145　桥接完成的支柱

为支柱模型添加一个 FFD 修改器，进入控制点级别进行调整，状态如图 7－1－146 所示。

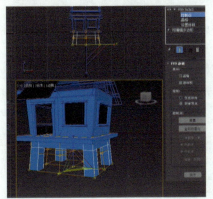

图 7－1－146　FFD 修改调整

进入多边形面级别，选择如图 7－1－147 所示的面。把选择的面分离出来，命名为"支架"，做为前面的支架。选择支架模型，进入顶点级别，对支架的顶点进行调整，状态如图 7－1－148 所示。

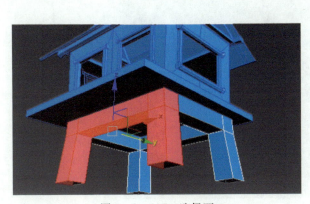 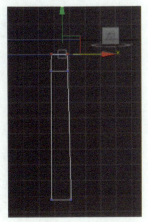

图 7－1－147　选择面　　　　　　　　图 7－1－148　调整支架顶点

选择两边的面进行倒角操作，状态如图 7－1－149 所示。

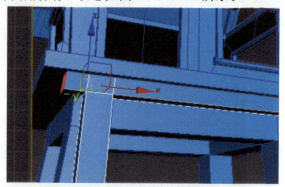

图 7－1－149　倒角面

孤立支架模型，进入边级别，选择如图 7－1－150 所示的边。

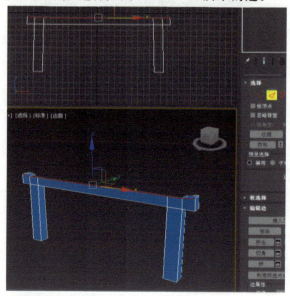

图 7－1－150　选择边

对选择的边进行切角操作，参数设置如图 7－1－151 所示。

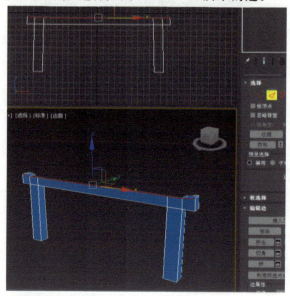

图 7－1－151　切角边

选择如图 7-1-152 所示的边进行切角操作，状态如图 7-1-153 所示。

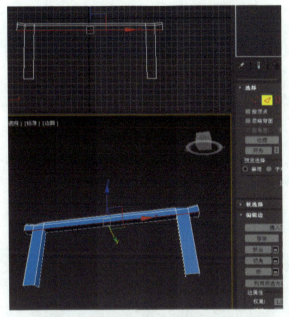

图 7-1-152　选择边

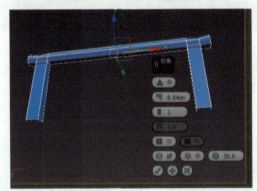

图 7-1-153　切角边

将模型背面的空面选择边进行对边的桥操作，如图 7-1-154 所示，即可完成柱子模型的制作。

图 7-1-154　边的桥接

进入点的级别，把支架上一些不合理的布线重新调整，最终状态如图 7 - 1 - 155 所示。

图 7 - 1 - 155　调整顶点

　　制作梯子。在左视图中创建线，在线的修改面板中勾选【在视口中显示】和【在渲染中显示】两个选项，显示状态如图 7 - 1 - 156 所示。

　　在修改面板中修改线的显示类型，参数（具体参数数值要参考场景，比例合适即可）设置如图 7 - 1 - 157 所示。

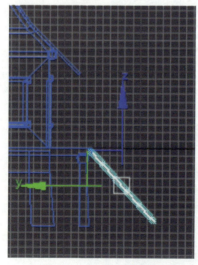

图 7 - 1 - 156　创建线

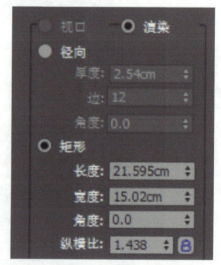

图 7 - 1 - 157　修改参数

　　调整完成后把线转换为可编辑多边形，进入顶点级别，在左视图中调整顶点，状态如图 7 - 1 - 158 所示。

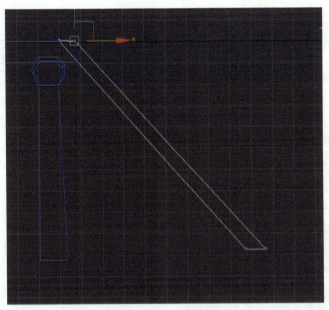

图 7-1-158 调整点

　　将完成的图形进行移动复制操作，状态如图 7-1-159 所示。接着把两个梯架附加在一起。选择梯架模型，发现它的轴心并不在物体的中心位置上，我们可以通过层次面板下的轴选项卡中的【仅影响轴】选项，点击对齐方式下的【居中到对象】按钮，可以使轴心自动移动到模型的中心位置，如图 7-1-160 所示。

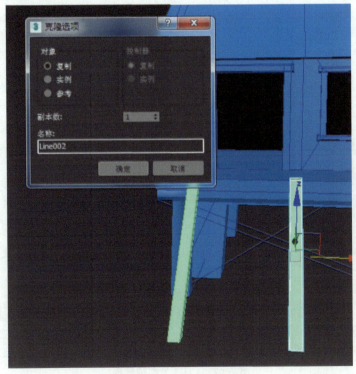

图 7-1-159 移动复制

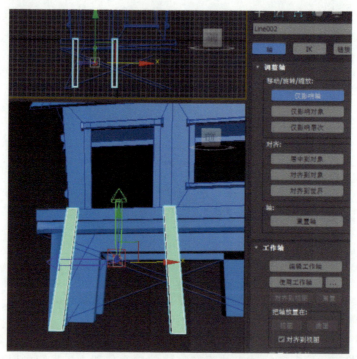

图 7 - 1 - 160　修改轴心位置

在顶视图中两个梯架的中间创建一个立方体，其厚度为梯板的厚度。利用移动工具，在左视图中进行移动复制操作，状态如图 7 - 1 - 161 所示。

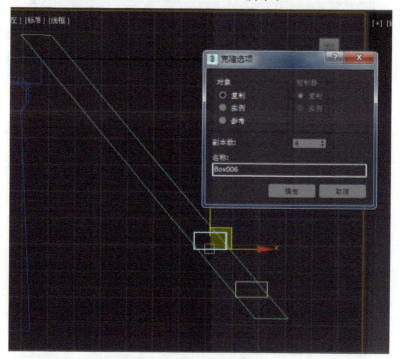

图 7 - 1 - 161　复制楼梯板

选择楼梯的所有零件，在组菜单下选择【组】，如图 7 - 1 - 162 所示。

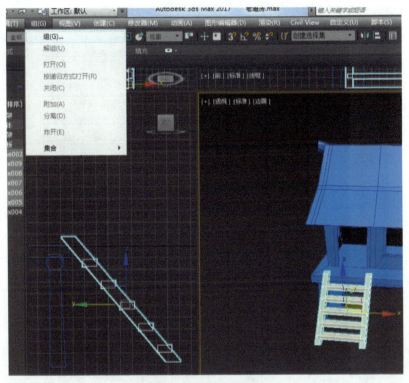

图 7 - 1 - 162 成组

在弹出的组对话框中输入组名为"梯子"，点击【确定】按钮建立组，如图 7 - 1 - 163
所示。

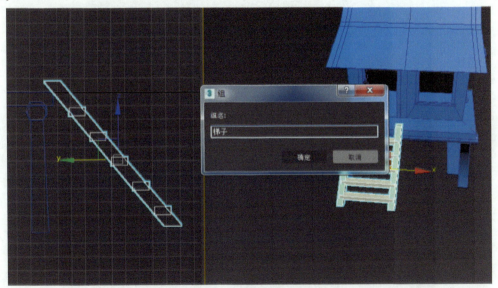

图 7 - 1 - 163 命名组

接下来把场景模型整理一下。选择所有的模型，打开材质编辑器，制作一个略灰暗的
材质，赋给场景模型，状态如图 7 - 1 - 164 所示。

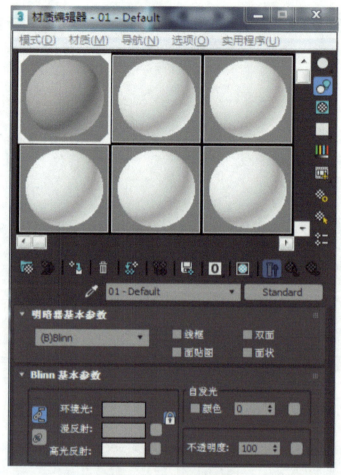

图 7 - 1 - 164　制作材质

在修改面板下打开对象颜色对话框，选择黑色，如图 7 - 1 - 165 所示。

图 7 - 1 - 165　修改对象颜色

修改完成后场景中的模型较干净，如图 7－1－166 所示。

图 7－1－166　修改完材质和对象颜色的模型

为了在制作水轮的过程中不会被房子模型干扰，可先将房子模型冻结起来，如图 7－1－167所示。

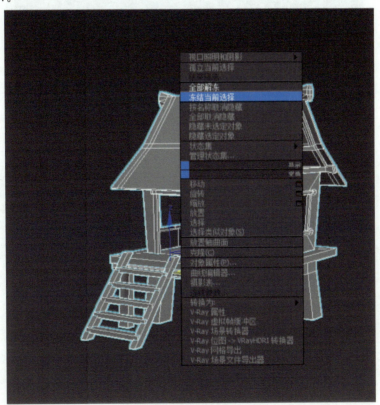

图 7－1－167　冻结模型

3）制作水轮模型

在左视图中创建一个圆柱体，状态如图 7-1-168 所示。

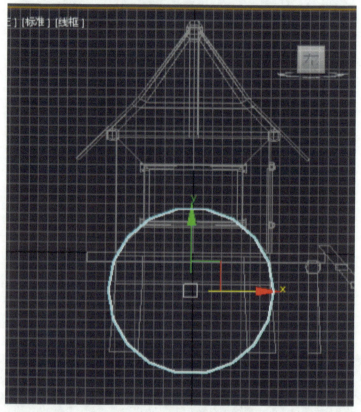

图 7-1-168　创建圆柱体

在修改面板下修改圆柱体的参数，如图 7-1-169 所示。

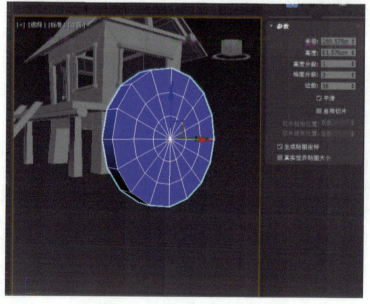

图 7-1-169　修改圆柱体的参数

把圆柱体转换为可编辑多边形，进入顶点级别，选择中间的一圈点，进行缩小操作，状态如图 7-1-170 所示。

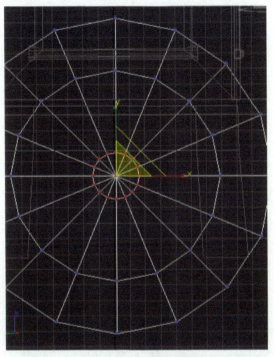

图 7-1-170　修改顶点

选择中间的顶点进行删除操作（该操作要在左视图中框选，如果点选背面的点，则选择不到），状态如图 7-1-171 所示。

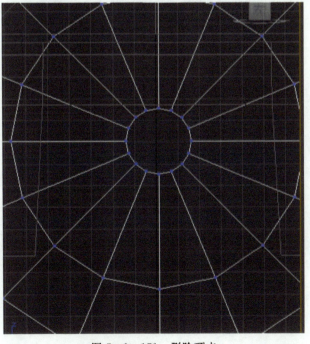

图 7-1-171　删除顶点

进入轮廓级别，选择两边的轮廓，进行桥接轮廓操作，如图 7-1-172 所示。

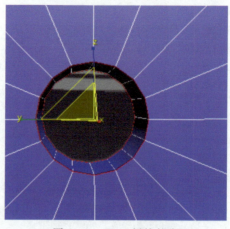

图 7-1-172 桥接轮廓

进入边级别，选择如图 7-1-173 所示的环形边。

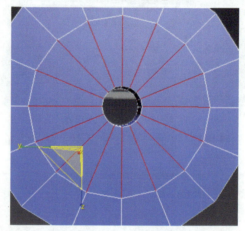

图 7-1-173 选择环形边

进行连接边操作，参数设置如图 7-1-174 所示。

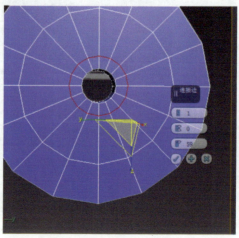

图 7-1-174 连接边

选择如图 7 - 1 - 175 所示的面进行删除。

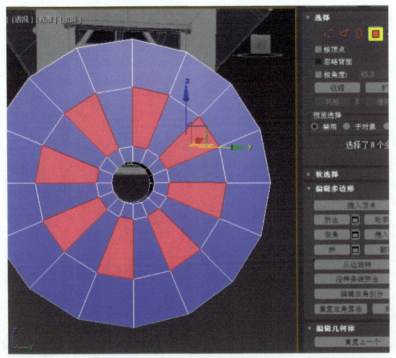

图 7 - 1 - 175　选择面

把另一面相对应的面也进行删除操作，状态如图 7 - 1 - 176 所示。

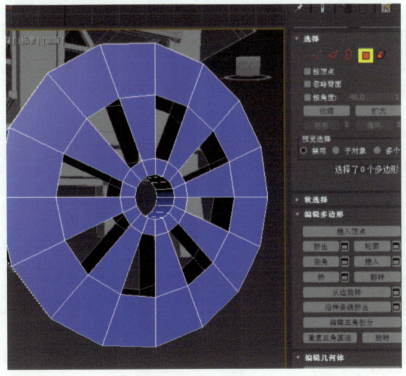

图 7 - 1 - 176　删除面

进入轮廓级别，加选相对应的两个轮廓进行桥接操作，状态如图7-1-177所示。

图7-1-177　桥接轮廓

把所有的轮廓都进行桥接操作，如图7-1-178所示。

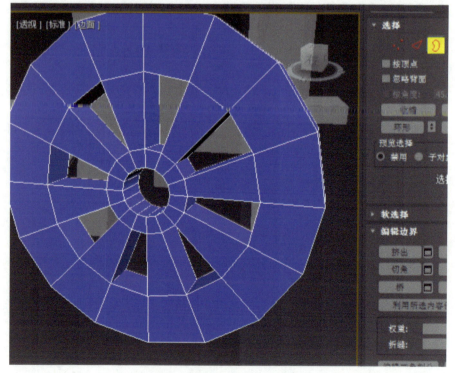

图7-1-178　桥接所有轮廓

进入顶点级别，参照房子的大小对水轮做一些精细的调整，如图 7-1-179 所示。

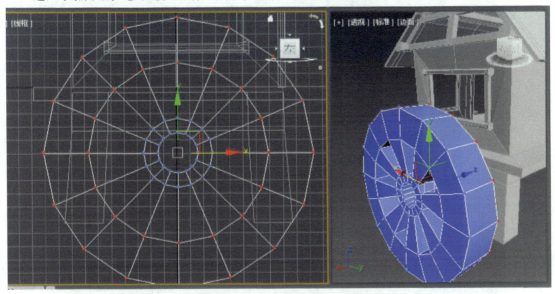

图 7-1-179　精细调整水轮

选择如图 7-1-180 所示的面。其方法是，选择一个面，然后按下 Shift 键的同时单击和它相邻的一个面，一圈环循环的面就会被选择。

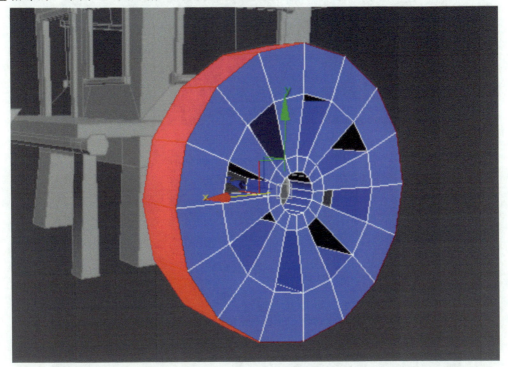

图 7-1-180　选择循环面

对选择的面进行倒角操作，方式是设置多边形，倒角高度为 0，倒角量为负值状态如图 7-1-181 所示。

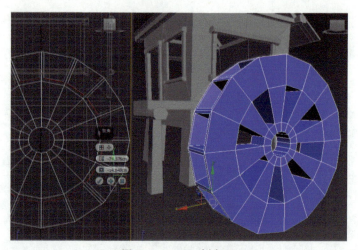

图 7 - 1 - 181　倒角面

在左视图中创建一个圆柱体，位置状态如图 7 - 1 - 182 所示。

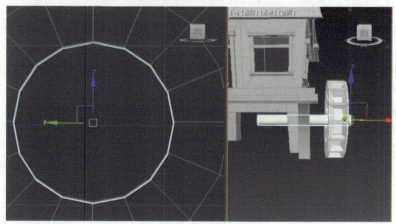

图 7 - 1 - 182　创建圆柱体

在顶视图中创建一个立方体，状态如图 7 - 1 - 183 所示。

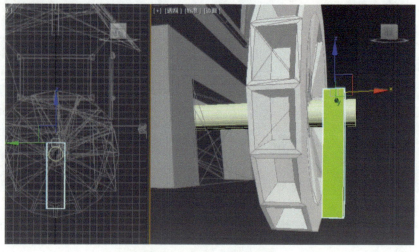

图 7 - 1 - 183　创建立方体

把立方体转换为可编辑多边形，进入顶点级别，对顶点进行调整，状态如图 7 - 1 - 184 所示。

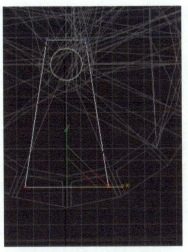

图 7 - 1 - 184 调整顶点

调整上部的顶点，如图 7 - 1 - 185 所示。

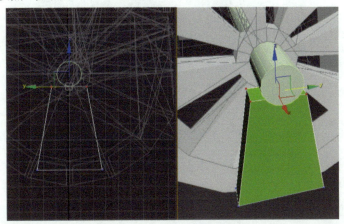

图 7 - 1 - 185 调整上部顶点

选择顶面上的两条边进行连接操作，参数设置如图 7 - 1 - 186 所示。

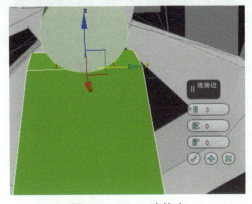

图 7 - 1 - 186 连接边

进入顶点级别对模型进行精细调整，并将不合理的线（多边面、三角面、五星点）重新布线，状态如图 7-1-187 所示。

图 7-1-187　水轮支架调整完成状态

复制出另一个支架，如图 7-1-188 所示。

图 7-1-188　复制支架

修改水轮模型的材质及颜色，状态如图 7-1-189 所示。

图 7-1-189　修改水轮材质

4）制作地面模型

在顶视图中创建一个多分段的面，然后转换成可编辑多边形，通过对顶点的调整得到地面模型，状态如图 7-1-190 所示。

图 7-1-190　地面模型

5）制作树木模型

创建一个圆柱体，状态如图 7-1-191 所示。

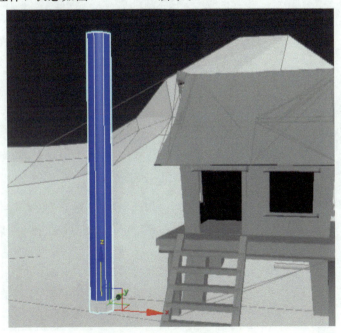

图 7-1-191　创建圆柱体

把圆柱体转换为可编辑多边形，进入顶点级别进行调整，状态如图 7-1-192 所示。

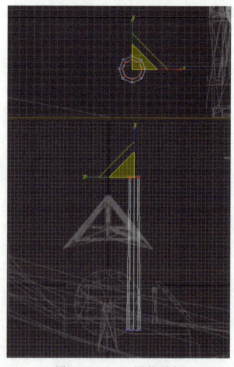

图 7-1-192　调整顶点

选择垂直方向上所有的线，进行连接操作，分段数设置为 6。退出子级别，为物体添加一个 FFD 修改器，进入控制点级别，对控制点进行调整，状态如图 7-1-193 所示。

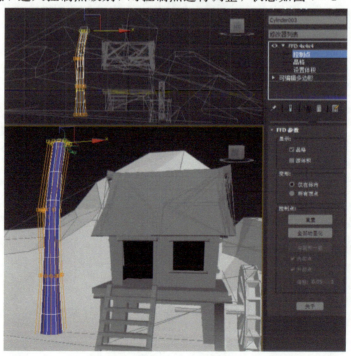

图 7-1-193　FFD 修改

进行塌陷对象操作，调整顶点如图 7-1-194 所示。

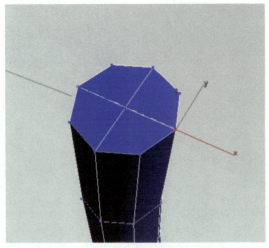

图 7-1-194 塌陷对象

选择顶面上的一条中间线进行切角，调整顶点后，选择半边的面进行倒角操作，状态如图 7-1-195 所示。

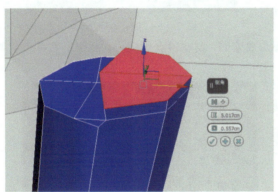

图 7-1-195 倒角面

进行连接线操作，状态如图 7-1-196 所示。

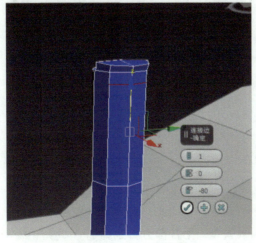

图 7-1-196 连接线

通过连接线，调整顶点以及倒角的操作，把一个树枝制作出来，再选择另一边的面进行倒角，状态如图 7 - 1 - 197 所示。

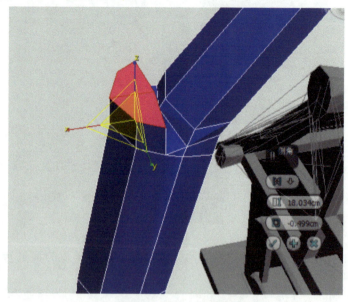

图 7 - 1 - 197　倒角面

通过倒角、连接加线、放缩面、调整顶点等操作，制作出另一个树枝，状态如图 7 - 1 - 198 所示。

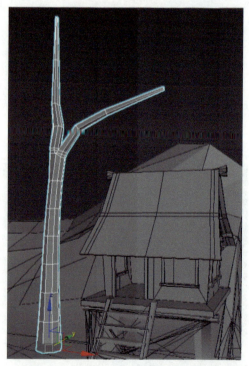

图 7 - 1 - 198　树干制作完成的状态

整理一下已完成的场景模型，把各部分分别命名，可参照图 7 - 1 - 199 所示的名称。

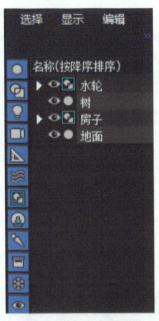

图 7-1-199　整理场景

用相同的方法制作其他树枝，如图 7-1-200 所示。

图 7-1-200　树完成的状态

接着把隐藏的地面显示出来，这时的模型看起来太过尖锐，可以选择树模型，进入多边形面级别，框选所有的面，在修改面板下找到平滑组，点击按钮【1】，这就给模型添加了一个平滑组。接着，在修改器列表里找到"网格平滑"，并单击【添加】按钮，这样，地面就会多一半的线，也就相对平滑了，效果如图 7-1-201 所示。

图 7 - 1 - 201　添加平滑组和网格平滑效果

6）丰富场景

使用立方体制作窗户的支柱，制作完成一个后，移动并复制出一个同样的支柱，如图 7 - 1 - 202所示。

图 7 - 1 - 202　复制支柱

创建一个立方体，其位置状态如图 7 - 1 - 203 所示。

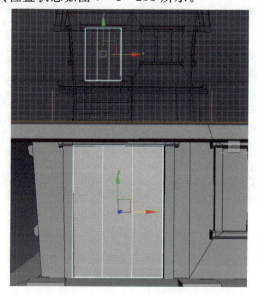

图 7 - 1 - 203　创建立方体

将立方体转换为可编辑多边形，选择如图 7-1-204 所示位置的边进行切角。

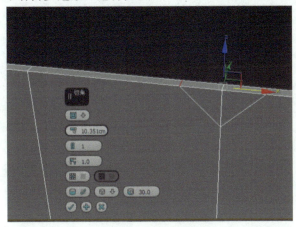

图 7-1-204 切角线

进入顶点级别，对切线形成的点进行不对称修改操作，状态如图 7-1-205 所示。

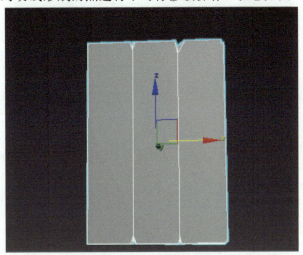

图 7-1-205 门模型完成

根据前面所学的知识，再自制一些小道具，比如门环、蜡烛等，把场景充实起来。最终完成的状态如图 7-1-206 和图 7-1-207 所示。

图 7-1-206 场景左侧

图 7-1-207　场景右侧

至此，我们的场景模型制作就完成了。

任务二　贴图坐标的展开

任务目标

通过展平水磨房场景模型贴图的坐标，掌握 UVLayout 软件的使用方法。

知识链接

（1）.obj 文件的导出方法。

（2）UVLayout 软件中模型的导入方法。

（3）UVLayout 软件中展平贴图坐标的方法。

（4）UVLayout 软件保存文件的方法。

（5）在 3ds max 中导入模型的方法。

（6）在 3ds max 中整理模型的方法。

技能训练

具体操作步骤如下：

（1）整理房子 UV。在拆分房子的 UV 时，我们先把房子模型整理一下，之前是把房子分成框架、墙体、支柱等几个部分，现在我们要把这些部件附加在一起。贴图完全一样的元素可以只取其一，如楼梯板、窗户支柱等，我们只需要附加进来一个，整理完成后进入元素级别对它们进行复制即可。附加完成的房子如图 7-2-1 所示。

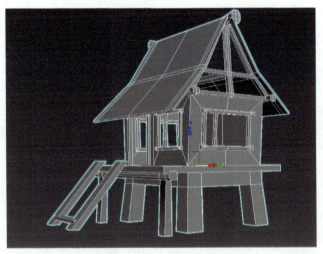

图 7 - 2 - 1 整理房子模型

整理完成后，点击【应用程序】按钮，找到【文件】选项下的【导出选定对象】，导出文件格式选择 .obj 格式，导出选项设置如图 7 - 2 - 2 所示。

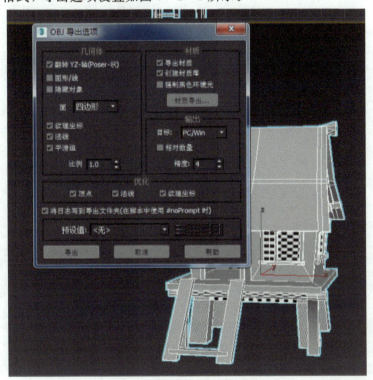

图 7 - 2 - 2 导出选定对象

本案例中，由于模型比较复杂，面数较多，为了节省时间，我们用 UVLayout 软件来进行拆分。具体操作为：打开 UVLayout 软件，点击【导入】按钮，在导入文件对话框中的前面一栏选择路径文件夹，后面一栏选择目标文件，导入前面保存好的.obj 格式的"房子"文件。注意，导入时要勾选"Clean"选项，否则模型有可能导入失败。导入文件设置如图7 - 2 - 3所示。

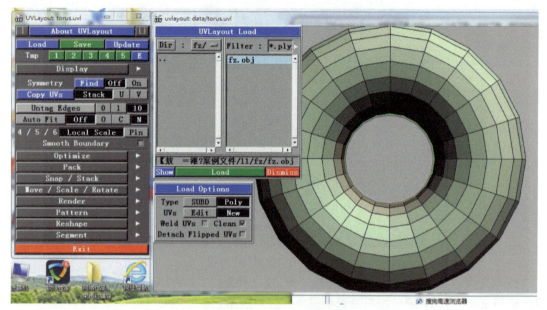

图 7 - 2 - 3　导入文件设置

设置完成后点击【Load】按钮，模型即被导入进来，初始状态如图 7 - 2 - 4 所示。

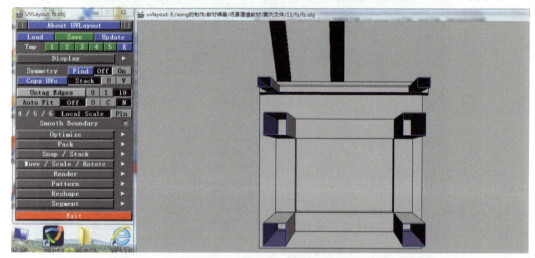

图 7 - 2 - 4　模型导入后的初始状态

　　这里需要重点介绍几个基本操作的快捷键。模型导入进来后的初始界面叫做编辑视图，在编辑视图中按下鼠标左、中、右键进行拖动，分别是旋转视图、平移视图和放缩视图。除了编辑视图外还有察看视图和 UV 视图。切换每个视图的快捷键分别是：UV 视图——数字 1，编辑视图——数字 2，察看视图——数字 3。模型导入进来直接进入编辑视图，没有做其他操作时是无法转到其他视图的。

　　UVLayout 软件的工作流程是：在编辑视图中，选择能把模型展平的线进行切缝操作，然后导入到察看视图中，再转到 UV 视图中对切分好的模型进行展平操作。

　　在编辑视图中选择线进行切缝操作，先旋转视图到一个可以看到模型正面的角度，如图7 - 2 - 5所示。

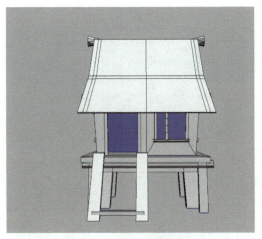

图 7-2-5　旋转视图

　　选择能把房顶内外两个面分开的线。操作方法是：按下键盘上的字母 C 键，用鼠标指针指向要选择的线，被选择的线会变成红色或者黄色。如果有多选的线，可以用字母 W 键配合鼠标指向取消选择。利用 Ctrl＋Z 组合键可以返回上一步。选择完成后，按回车键确认，确认后红色或黄色的选择线会变成绿色并产生切缝，状态如图 7-2-6 所示。

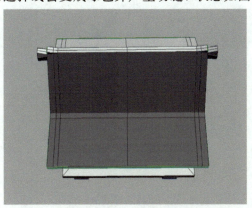

图 7-2-6　制作切缝

　　把鼠标指针指向切下来的一片模型，按下键盘上的字母 D 键，切下来的模型便消失了，状态如图 7-2-7 所示。当所有的模型都被从编辑视图中删去后，会自动跳转到察看视图。

图 7-2-7　把切下的模型丢到察看视图

在房顶内面继续选择线，如图 7-2-8 所示。

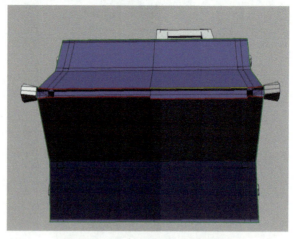

图 7-2-8　选择房顶内面切缝线

所有的模型都切完丢出后，系统自动跳转到察看视图，状态如图 7-2-9 所示。

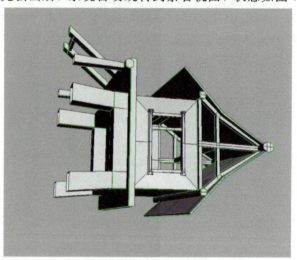

图 7-2-9　察看视图

由于 UV 还没有展开，所以不能观察到相应视图。这时，我们可以直接按下键盘上的数字 1 键，转入 UV 视图，状态如图 7-2-10 所示。

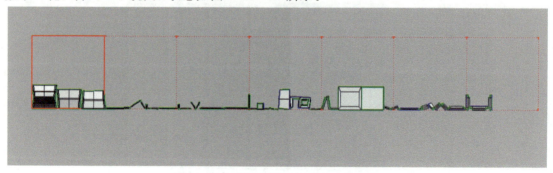

图 7-2-10　转到 UV 视图的初始状态

接着把鼠标指针指向要展平的模型，按下 Shift＋F 组合键让系统自动解算，然后按下空格键确认，再次按空格确认一次。展开 UV 后的状态如图 7-2-11 所示。每一片模型都要执行一次这样的操作，展开操作完成后的 UV 视图状态如图 7-2-12 所示。

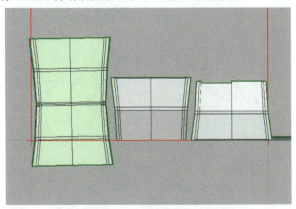

图 7-2-11　展开第一片模型的 UV

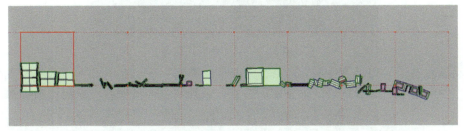

图 7-2-12　展平第一片模型的 UV 后的状态

将模型 UV 整理到第一象限，点击 Pack 卷展栏下的【Pack All】按钮，状态如图 7-2-13所示。

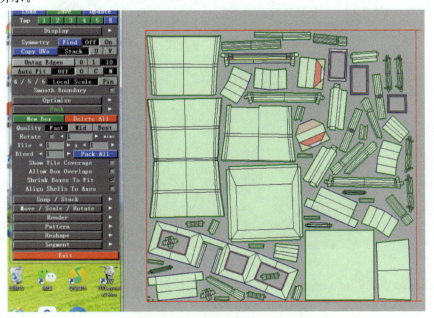

图 7-2-13　自动整理的 UV 状态

　　然后按下键盘上的数字 3 键进入察看视图即可观察。这时可以按下字母 T 键可转换察看贴图方式，状态如图 7 - 2 - 14 所示。

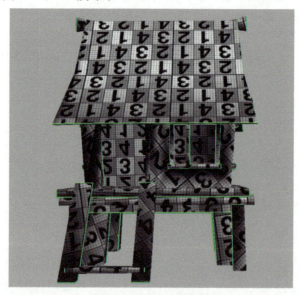

图 7 - 2 - 14　察看视图

　　自动整理的 UV 布局有些乱，可根据需要手动调整一下，图 7 - 2 - 15 是手动调整完成的状态。中间的空白区域是给门板预留的位置。添加门板的操作将在后面详细讲解。

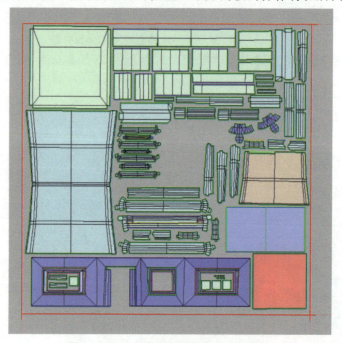

图 7 - 2 - 15　手动调整完成的 UV 摆放

　　整理完成后点击【Save】按钮，选择路径并对文件进行保存，格式仍然保存为 .obj 类型。

　　然后打开 3ds max 软件，点击应用程序下的导入选项，调出导入文件对话框，如图 7 - 2 - 16 所示。

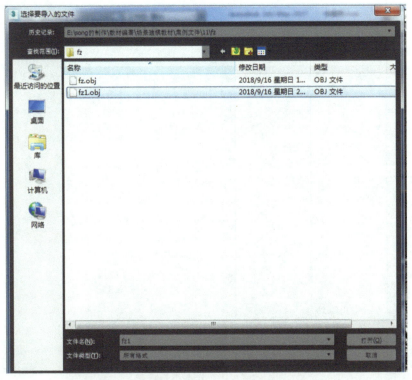

图7-2-16　导入文件

　　把新导入的房子模型添加一个棋盘格材质。进入元素级别,复制需要重复的元素,如图7-2-17所示,然后删除原来选择的房子模型。

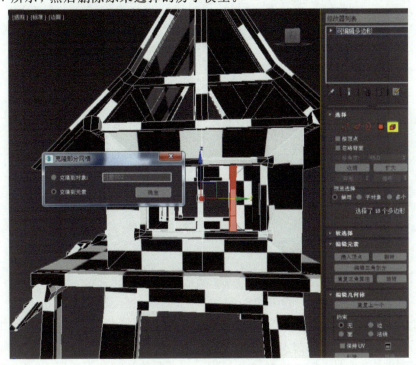

图7-2-17　复制相同的元素

（2）展开水轮 UV。把水轮的 .obj 格式文件导入 UVLayout 软件中，参数选择如图 7-2-18 所示。

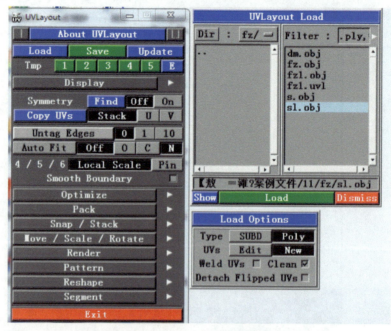

图 7-2-18　导入水轮模型

用前面学习过的方法把水轮的 UV 拆分完成，状态如图 7-2-19 所示。

图 7-2-19　分配好的水轮 UV

按下键盘上的数字 3 键，再按下字母 T 键进行贴图转换。可以看到，轮子上的数字没有变形，数字大小较一致，说明 UV 展开的较合理，状态如图 7-2-20 所示。

（3）整理树木的 UV。树木模型导入 UVLayout 后的初始状态如图 7-2-21 所示。

图 7-2-20　水轮的贴图状态

图 7-2-21　导入树模型

根据前面所学的方法对树的 UV 进行展平操作，手动整理好的状态如图 7-2-22 所示。按下数字 3 键，切换到观察视图中，状态如图 7-2-23 所示。

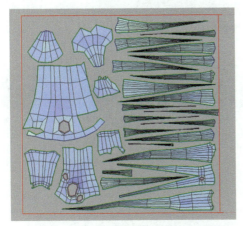

图 7-2-22　整理完成的树的 UV

图 7-2-23　观察视图中的模型状态

（4）整理地面 UV。导入地面模型，状态如图 7-2-24 所示。

由于地面模型本身就是一个平面，起伏不大，所以我们可以不做切线操作而直接导入察看视图，然后再转到 UV 视图进行展平操作，状态如图 7-2-25 所示。

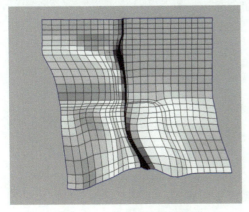

图 7-2-24　导入地面模型

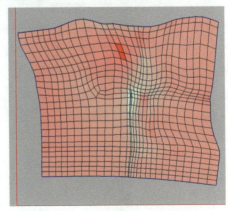

图 7-2-25　展平的地面 UV

察看视图中的地面模型状态如图 7 - 2 - 26 所示。

图 7 - 2 - 26　观察视图中的地面模型

至此，所有模型的贴图坐标展平完成。

任务三　绘 制 贴 图

任务目标

通过绘制水磨房场景模型贴图，掌握 BodyPaint 3D 软件的使用方法。

知识链接

（1）在 3ds max 中整理模型和 UV 渲染图的方法。

（2）BodyPaint 软件中模型的导入方法。

（3）BodyPaint 软件中贴图绘制方法。

（4）BodyPaint 软件保存文件的方法。

（5）在 3ds max 中整理模型的方法。

技能训练

具体操作步骤如下：

（1）整理模型。模型的 UV 展开完成后，需要重新整理一下模型，然后再制作贴图。

打开 3ds max 软件，导入已展好 UV 的地面模型，状态如图 7 - 3 - 1 所示。接着导入水轮模型，在导入设置中选择"作为可编辑多边形导入"，把默认的"对多边形重新划分三角面"取消勾选。

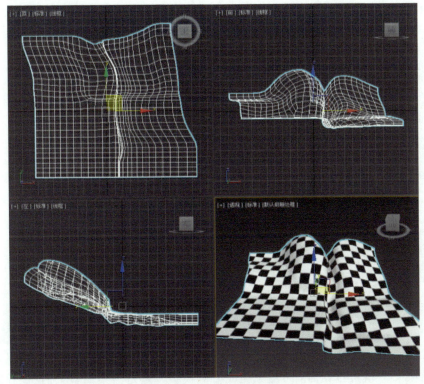

图 7-3-1 导入地面模型

观察发现导入进来的水轮有些变形，所有的转角都变圆了。这时需要在多边形面的级别选择所有的多边形，取消平滑组选择即可，状态如图 7-3-2 所示。

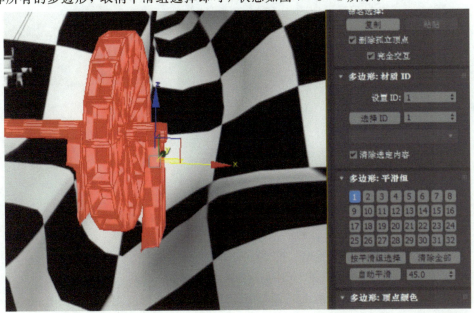

图 7-3-2 拆分 UV 后自动生成的平滑组

导入房子模型并复制相同的元素，把道具模型也导入进来，状态如图7-3-3所示。

导入所有的模型后，开始制作UV渲染图。选择地面模型，为它添加一个UV展开修改器。打开UV编辑器，在工具菜单下选择渲染UV模板，状态如图7-3-4所示。

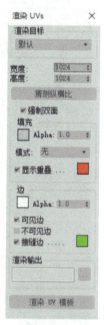

图7-3-3 导入所有模型　　　　　　　　图7-3-4 渲染UV模板

点击渲染UV模板按钮后，可渲染完成UV模板。点击渲染面板上的【保存】按钮，在弹出的"保存图像"对话框中输入路径和名称进行保存，状态如图7-3-5所示。

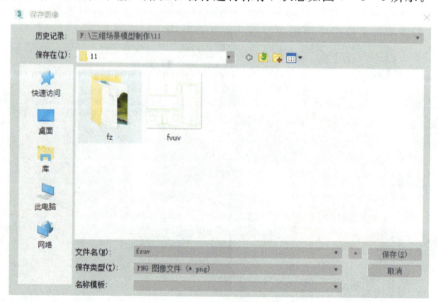

图7-3-5 "保存图像"对话框

用相同的方法把所有模型的UV渲染图都保存后，将所有渲染图在Photoshop中打开，状态如图7-3-6所示。

图 7-3-6　在 Photoshop 中打开的 UV 渲染图

在 Photoshop 中对渲染图进行整理，状态如图 7-3-7 所示。

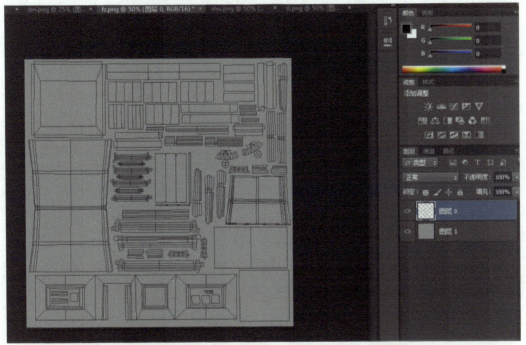

图 7-3-7　在 Photoshop 中进行整理的 UV 渲染图

保存整理好的图像，保存设置如图 7-3-8 所示。

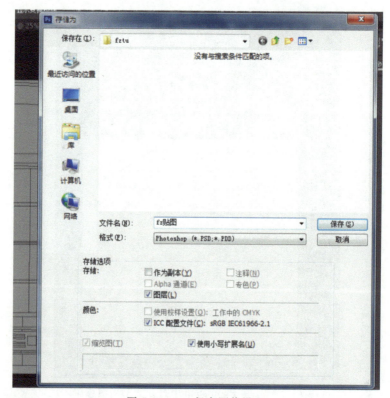

图 7 - 3 - 8　保存图像设置

树的 UV 整理图状态如图 7 - 3 - 9 所示。

图 7 - 3 - 9　树的 UV 整理图

水轮的 UV 整理图状态如图 7 - 3 - 10 所示。

图 7 - 3 - 10　水轮的 UV 整理图

地面的 UV 整理图状态如图 7 - 3 - 11 所示。

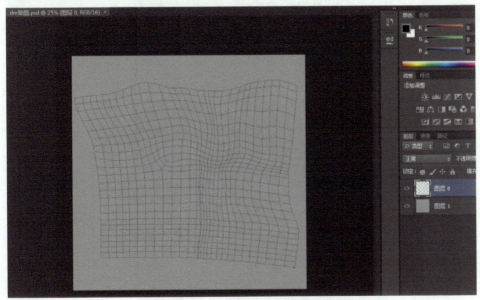

图 7 - 3 - 11　地面的 UV 整理图

（2）绘制贴图。打开 BodyPaint 3D，选择道具模型，状态如图 7 - 3 - 12 所示。注意：这里打开的模型必须是渲染出 UV 图的那个模型重新导出的 .obj 格式文件。

导入房子模型，其状态如图 7 - 3 - 12 所示。

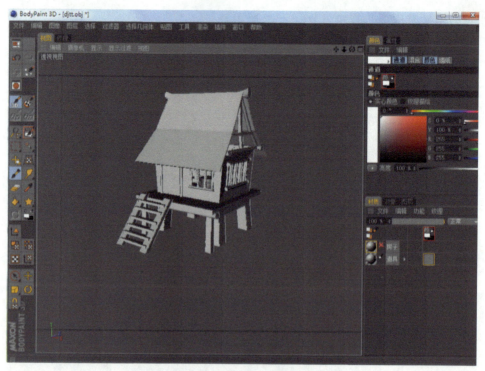

图7-3-12　导入房子模型

在文件菜单下单击【合并】按钮，状态如图7-3-13所示。

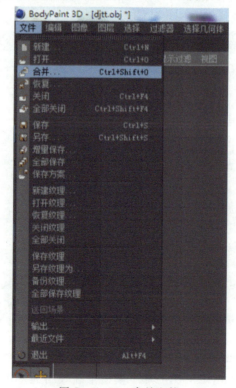

图7-3-13　合并文件

把水轮以合并的方式导入进来，状态如图 7 - 3 - 14 所示。

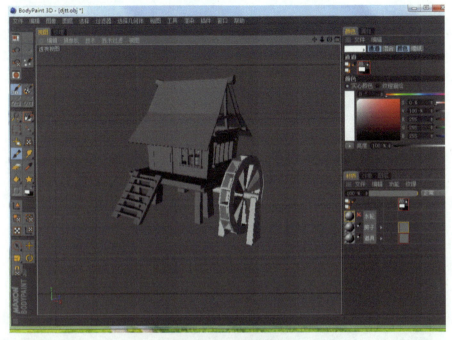

图 7 - 3 - 14　合并水轮

所有的模型都合并后对材质球的属性进行设置。

选择地面的材质球，打开其属性面板，参数如图 7 - 3 - 15 所示。

图 7 - 3 - 15　设置属性面板

接着打开颜色选项卡，单击【颜色贴图导入】按钮，导入在 Photoshop 中制作完成的渲染图。

把所有模型的颜色通道都用在 Photoshop 中制作的.psd 格式的渲染图导入进来，我们就可以绘制贴图了。

在绘制贴图时一般会选择铺整体的色调，状态如图 7-3-16 所示。

图 7-3-16　铺整体色调

接下来选择从主体物开始深入刻画。由于场景太大，在绘制过程中为了旋转观察方便，需要隐藏要绘制图形以外的物体。现在以隐藏地面模型为例做一讲解。

在右边的材质面板中，激活地面材质，状态如图 7-3-17 所示。

图 7-3-17　激活地面材质

在工具栏中选择工具面板下的【选择面】按钮，单击鼠标右键，在弹出的快捷菜单中找到"选择几何体"下的"隐藏选择"，状态如图 7-3-18 所示。

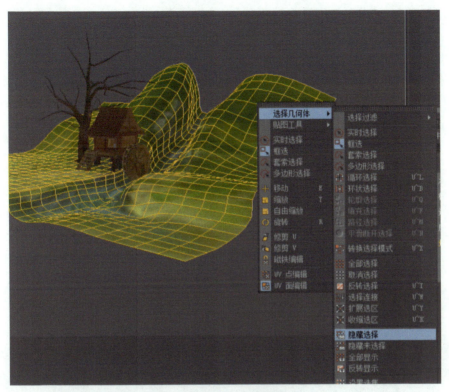

图 7 - 3 - 18　选择隐藏选择

隐藏地面模型后的状态如图 7 - 3 - 19 所示。

图 7 - 3 - 19　隐藏地面模型

　　用同样的方法把水轮和树都隐藏起来，再对房子模型进行深入刻画，状态如图 7 - 3 - 20 所示。

图 7 - 3 - 20　深入刻画房子

　　再依次深入刻画水轮、树及道具，最后深入刻画地面模型，状态如图 7 - 3 - 21 所示。

图 7 - 3 - 21　深入刻画地面模型

　　绘制结束后，要把纹理保存起来以便后面使用。在要保存的材质图层上单击鼠标右键，在弹出的快捷菜单中找到纹理下的"另存纹理为"选项，状态如图 7 - 3 - 22 所示。

图 7-3-22 另存纹理设置

在弹出的对话框中做如图 7-3-23 所示的参数设置。

每一个材质图都另存完成后，打开 Photoshop 对图片进行修整，并保存为 .jpeg 格式备用。打开前面保存的"老磨房.max"文件，为每一个模型添加相对应的材质，并在场景中显示渲染结果，状态如图 7-3-24 所示。

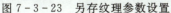

图 7-3-23 另存纹理参数设置

图 7-3-24 在 max 中添加材质

最后加上树冠。在顶视图中创建一个几何球体，然后转换为可编辑多边形，进入多边形的面级别，删除下半部分的面，状态如图 7-3-25 所示。

用前面学习的方法将已创建完成的树冠模型展开 UV 并绘制好贴图，状态如图 7-3-26 所示。

图 7 - 3 - 25　创建树冠模型

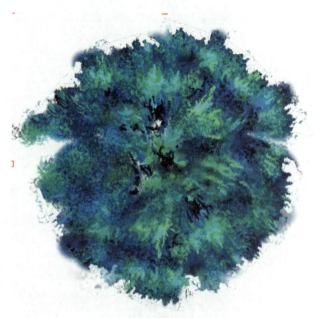

图 7 - 3 - 26　树冠模型的贴图

　　然后，打开 Photoshop 软件，在树冠贴图的基础上处理一张黑白贴图，状态如图 7 - 3 - 27 所示。

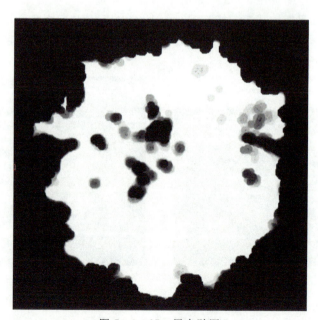

图 7 - 3 - 27　黑白贴图

　　选择一个空材质球，在漫反射通道中加入树冠贴图，在不透明通道中加入黑白贴图，再把材质球赋给树冠模型，状态如图 7 - 3 - 28 所示。

图7-3-28 树冠材质完成效果

根据树枝的分布情况复制几个树冠模型并进行缩放，状态如图7-3-29所示。

图7-3-29 复制树冠模型

至此，模型制作全部完成。

（3）渲染输出。将场景调整到一个合适的角度，在场景中添加一个天光并渲染输出，状态如图7-3-30所示。

图 7 - 3 - 30　调整角度渲染输出

接着打开 Photoshop 软件进行剪切，状态如图 7 - 3 - 31 所示。

图 7 - 3 - 31　修整完成的场景图片

项 目 小 结

本项目基本涵盖了多边形建模的所有常用知识点，归纳如下：

（1）可编辑多边形的子级别快捷键的使用。

（2）如何在修改器堆栈中显示最终修改效果。

（3）多边形边界级别的封口、桥、复制等操作方法。

（4）多边形边级别的桥、复制等操作方法。

（5）多边形面级别的倒角、挤出等操作方法。

（6）对称修改器的使用方法。

（7）UVLayout 软件的基本操作方法。

（8）渲染 UVW 渲染模板的方法。

（9）BodyPaint 3D 软件的基本操作方法。

（10）贴图的绘制、保存和调整方法。

（11）场景的渲染输出方法。

拓 展 练 习

根据本项目的制作思路尝试制作如图 7-3-32 所示的场景模型。

图 7-3-32 场景参考图

至此，通过前面几个项目的学习我们已经掌握了三维场景制作的方法，但是要做得好，还需要大量的练习。希望这几个案例能抛砖引玉，在学习三维场景建模的道路上助你更上一个台阶。

参考文献

[1] 任秋钢，赵丽敏. 3ds max 效果图制作[M]. 北京：人民邮电出版社，2015.

[2] 电影《指环王》场景设计稿.

[3] 范士喜，程明智. 三维建模经典案例教程[M]. 北京：清华大学出版社，2016.

[4] 黄心渊. 3ds max 三维动画教程[M]. 北京：人民邮电出版社，2008.